ELISABETH SCHICK

DER ICHFAKTOR

ERFOLGREICH
DURCH
SELBSTMARKETING

HANSER

Bibliografische Information der Deutschen Nationalbibliothek
Die Deutsche Nationalbibliothek verzeichnet diese Publikation in
der Deutschen Nationalbibliografie; detaillierte bibliografische Daten
sind im Internet über http://dnb.d-nb.de abrufbar.

1   2   3   4   5   6   14   13   12   11   10

© 2010 Carl Hanser Verlag München
Internet: http://www.hanser.de
Lektorat: Martin Janik
Herstellung: Ursula Barche
Umschlaggestaltung: Patrick Gladt, Frauke Schyroki, Michael Szyszka
Illustrationen: Patrick Gladt, Frauke Schyroki, Michael Szyszka
Satz: Patrick Gladt, Frauke Schyroki, Michael Szyszka
Druck und Bindung: Firmengruppe APPL, aprinta druck, Wemding
Printed in Germany

ISBN 978-3-446-42178-3

Für Judith und Rebecca

VORWORT

von Dr. Antonella Mei-Pochtler,
SVP The Boston Consulting Group

Was verbindet Coco Chanel mit Madonna, Leonardo da Vinci mit David Beckham? Sie sind Menschen, reale Personen, die zu Marken geworden sind: Ihre Namen und Gesichter sind im kollektiven Gedächtnis eingeprägt. Sie ragen heraus. Ob Modeschöpferin, Fußballprofi, Erfindergenie, Popstar, ob Marketingassistentin, Bankerin oder Beraterin: Wer in seinem Beruf mehr erreichen will als „ein bisschen Karriere", braucht mehr als Talent, Kraft und einen Traum. Er (noch dringender: sie) braucht auch die Fähigkeit, andere von sich zu überzeugen. Wie das geht, bringt Elisabeth Schick auf einen einzigen Begriff: Die Ich-Marke.

Von erfolgreichen Marken lässt sich lernen, dass wahre Größe viel mit Sein, weniger mit Schein zu tun hat. Daher beginnt die Reise, zu der sie ihre Leserinnen und Leser ermuntert, nicht mit dem Blick nach außen oder in den Spiegel: Was wird, vermeintlich, von mir erwartet? Was liegt im Trend? Was machen die anderen? Die Ich-Marke lebt aus ihrem inneren Kern, ihrer Substanz: Was sind meine Werte, meine Besonderheiten, meine Stärken und Schwächen? Marken gewinnen, wie Persönlichkeiten, ihre Stärke aus ihrer Glaubwürdigkeit. Sie sind umso wertvoller, je mehr sie relevant, innovativ, differenziert und global bekannt sind. Der Ich-Faktor ist keine Anleitung für Ichlinge. Im Gegenteil. Marken entstehen, leben, wirken in den Köpfen der anderen. Es sind der Unterschied, den der Konsument erfährt, und das Vertrauen, das er in einer konstanten Erfahrung gewinnt, die Markenprodukte von anderen unterscheiden. Mit

Max Frisch formuliert: „In gewissem Grad sind wir wirklich das Wesen, das die andern in uns hineinsehen, Freunde wie Feinde. Und umgekehrt! Auch wir sind die Verfasser der andern."

Die Kunst, die Ich-Marke und einen hohen Ich-Faktor zu entwickeln, verlangt beides zugleich: Die Substanz, den eigenen inneren Kern zu erkennen, um ihn gezielt zu stärken und zu erweitern, und die Fähigkeit, diesen „Markenkern" in jeder neuen Situation, in jeder Begegnung authentisch erfahrbar zu machen. Starke Marken sind starke Persönlichkeiten – und umgekehrt.

DANK

Elisabeth Schick
Stuttgart, im Dezember 2009

Jedes Buch hat eine Geschichte. Die Idee zu diesem Buch entstand im Rahmen meiner Trainings zum Thema Selbstmarketing. Dabei geht es mir neben dem „Was ist zu tun?" immer um das „Warum?". Denn nur Selbstmarketing, das auf einer guten Substanz gründet, ist glaubwürdig und langfristig erfolgreich. Viel können wir dabei von dem erfolgreichen Management klassischer Marken wie Nivea oder Porsche lernen. Ohne einen guten Markenkern verpufft Marketing. Aber ohne Marketing kann ein guter Markenkern keine Strahlkraft entwickeln und führt ein schattenhaftes Dasein. Es gehört also beides zusammen: der gute Kern und das gute Marketing. Gute Markenführung durfte ich bei The Boston Consulting Group (BCG) vor allem von Dr. Antonella Mei-Pochtler in vielen gemeinsamen Projekten lernen. Ich bin sehr dankbar für diese gemeinsame Zeit und freue mich sehr, dass sie das Vorwort zu diesem Buch geschrieben hat.

Ein Bild sagt mehr als tausend Worte – diese alte Binsenweisheit ist eine Herausforderung für jeden Autor. Ich bin daher sehr dankbar, dass 27 Studierende des Fachbereichs Design der Fachhochschule Düsseldorf unter der Begleitung von Prof. Victor Malsy viele einfallsreiche und sehr verschiedenartige Konzepte und Entwürfe für die Gestaltung dieses Buches vorgelegt haben, aus denen der Carl Hanser Verlag und ich unseren Favoriten aussuchen konnten. Mein Dank gilt allen Studierenden, die sich auf dieses Wagnis eingelassen haben, und vor allem Patrick Gladt, Michael Szyszka und Frauke Schyroki, die das Buch illustriert und umgesetzt haben.

Danke sagen möchte ich dem Hanser Verlag und vor allem meinem Lektor Martin Janik, der diese Buchidee gefördert, mit vielen guten Anregungen bereichert und die Idee der Kooperation mit Prof. Victor Malsy entwickelt und umgesetzt hat. Ein herzlicher Dank geht an Dr. Nicole Wrage, Dr. Tanja Clees und meinen Mann für die vielen konstruktiven Kommentare.

Schließlich danke ich Ihnen verehrter Leser, dass Sie dieses Buch ausgewählt haben. Ich wünsche Ihnen viel Spaß beim Lesen und hoffe, dass dieses Buch Ihnen viele nützliche Anregungen gibt, wie Sie Ihrer Persönlichkeit mehr Strahlkraft verleihen können. Ich freue mich auf Ihre Anregungen und Kommentare zu diesem Buch.

Sie erreichen mich unter: schick@evenbetter.de
Weitere Informationen finden Sie unter:
www.ich.evenbetter.de

1.

2.

3.

4.

INHALT

**„Alle Menschen werden als Original geboren,
die meisten sterben jedoch als schlechte Kopie."**

Bischof Georg Moser

1 RAGEN SIE HERAUS!

Wenn Sie mehr als eine „graue Maus" sein wollen, müssen Sie Ihre Marke entwickeln
Welche Fähigkeiten, Stärken und persönlichen Werte verbindet Ihr Umfeld mit Ihnen?

Sie als Mensch mit all Ihren Fähigkeiten, Ihren Werten, Ihren Zielen, kurzum Ihrer Einzigartigkeit sind das Entscheidende! Und wie Sie es schaffen, dass mit Ihrer Person Fähigkeiten, Stärken und persönliche Werte verbunden werden, darum geht es in diesem Buch. Ziel ist es, Ihnen zu helfen, ein klares Profil zu bekommen. Dazu nutzen und übertragen wir die jahrzehntelangen Erfahrungen klassischer Markenführung auf den Menschen. Markenführung bemüht sich in ihrem Kern immer darum, Dingen ein klares Profil zu geben, die Unterschiedlichkeit hervorzuheben und Dingen einen Namen zu geben, der in Erinnerung bleibt. Damit es eben kein Ding mehr ist, sondern eine bekannte Marke. Von dieser Erfahrung können wir viel auf den Menschen übertragen. Wie kann ich ein klares Profil entwickeln, wie kann ich mich differenzieren, wie schaffe ich es, dass meine Leistung auch gesehen wird, wie schaffe ich es, bekannt zu werden? Diese Fragen will dieses Buch beantworten. Wir werden erarbeiten, wie eine starke Ich-Marke entsteht, und deren Stärke in einem Ich-Faktor messen. Damit legen wir zugleich die Grundlage für ein erfolgreiches Selbstmarketing, das keine Schaumschlägerei, sondern auf Substanz gegründet ist.

Selbstmarketing ist wichtig, damit die eigenen Leistungen überhaupt wahrgenommen werden (Kapitel 1.1). Noch besser ist es, wenn wir es schaffen, uns von der Masse abzuheben (Kapitel 1.2) und namentlich als Person positiv bekannt zu sein (Kapitel 1.3). Nach dieser Einführung in das Thema werden wir in Kapitel 2 erarbeiten, was eine Ich-Marke kennzeichnet. Und Sie werden feststellen, dass zu einer Marke viel mehr gehört als nur Ihre beruflichen Fähigkeiten – es geht um ein ganzheitliches Bild. Ihre Ziele gehören genauso dazu wie Ihre Schwächen, Ihre Stärken genauso wie Ihre persönlichen Überzeugungen und Wertvorstellungen. Wir werden zunächst in Kapitel 2.1 definieren, welche Elemente Ihren (Marken-)Kern ausmachen. Dann überlegen wir in Kapitel 2.2, wie die Umwelt zu einem (Marken-)Bild über uns kommt. Dazu interpretiert die Umwelt unsere Interaktion mit ihr und puzzelt die verschiedenen Eindrücke zu einem Gesamtbild zusammen. Da es sich um einen dynamischen Prozess handelt, der sich im Zeitablauf ergibt, betrachten wir in Kapitel 2.3 die Bedeutung der Zeit für die Wahrnehmung Ihrer Person. Nach der Bestimmung Ihrer eigenen Sichtweise und Erwartungen an Ihren (Ich-Marken-)Kern wechseln wir die Perspektive und fragen erstens nach den Erwartungen unserer Umwelt an uns (Kapitel 2.4) und zweitens nach dem Eindruck, den verschiedene Gruppen von uns haben (Kapitel 2.5). In Kapitel 2.6 bringen wir Ihre eigene Sicht und die Sicht Ihrer Umwelt zusammen und bestimmen Ihren Ich-Faktor als Maß für die Stärke Ihrer Ich-Marke.

In Kapitel 3 werden basierend auf den Grundlagen des zweiten Kapitels wesentliche Elemente des Selbstmarketings besprochen. Nachdem Sie wissen, wie Ich-Markenbildung funktioniert, fragen wir uns, wie Sie diese Erkenntnis bestmöglich für sich nutzen können. Wo und wie werden Sie wahrgenommen (Kapitel 3.1), wie können Sie Profil entwickeln (Kapitel 3.2), wie schaffen Sie es, mit Ihrem Namen und Ihrer Person bzw. Ihrer Ich-Marke bei den Entscheidungsträgern bekannt zu werden (Kapitel 3.3 und 3.4)? Wie können Sie selbst Krisensituationen erfolgreich für Ihr Selbstmarketing nutzen (Kapitel 3.5)? Wie schaffen Sie sich Marketingplattformen (Kapitel 3.6) und lassen andere für sich werben (Kapitel 3.7). Und abschließend erörtern wir noch den Umgang mit den inneren Bremsern (Kapitel 3.8) und fremden Lorbeer-Dieben (Kapitel 3.9).

Am Schluss des Buches sind Sie eingeladen, Ihren persönlichen Aktionsplan zu erstellen, damit Sie selbst zu einer starken Marke werden. Die Selbstübungen am Ende jedes Kapitels führen in systematischer Weise zu ihrem individuellen Aktionsplan hin. Ich lade Sie ganz bewusst ein, diese Selbstübungen zu nutzen. Durch diese Übungen werden Sie viel mehr Nutzen aus diesem Buch ziehen. Sie übertragen dadurch die Inhalte auf Ihre persönliche Situation und erarbeiten einen persönlichen Aktionsplan, damit Sie mit Hilfe dieses Buches Ihr Potenzial und Ihre Persönlichkeit besser entfalten können.

ENTFALTEN SIE IHR POTENZIAL

1. In welchen Situationen haben Sie heute den Eindruck, dass Ihre Leistungen, Ihr Einsatz oder Ihr Können/Wissen nicht gesehen oder zumindest nicht richtig gewürdigt wird?

2. Warum wird Ihre Leistung nicht richtig gewürdigt?

3. Was von Ihren Stärken, Ihren Fähigkeiten, Ihrem Wissen und Ihren Werten sollte Ihre Umwelt wahrnehmen?

1.1 LASSEN SIE SICH NICHT DIE BUTTER VOM BROT NEHMEN

So stellen Sie sicher, dass Ihre Erfolge auch als Ihre Erfolge gesehen werden

Ist es Ihnen schon einmal passiert, dass Ihre Arbeit nicht entsprechend gewürdigt wurde (beispielsweise haben Sie sich sehr viel Mühe mit etwas gegeben, sind extra länger im Büro geblieben, doch Sie bekommen weder ein Danke noch ein Lob für Ihre Arbeit – es wird einfach als selbstverständlich genommen)? Oder schlimmer noch: Ihr Chef oder andere Vorgesetzte schreiben Ihre gute Arbeit anderen Mitarbeitern zu?

Schön, wenn Sie die Frage mit Nein beantworten können. Falls Ihnen es jedoch schon passiert ist, dass Ihnen sozusagen die Butter vom Brot genommen wurde, dann sollten Sie unbedingt weiterlesen, um so etwas zukünftig zu verhindern. Eine typische Reaktion auf solchen „Lorbeer-Diebstahl" ist schmollen – man zieht sich zurück, die da oben wollen meine Leistung ja gar nicht sehen. Dabei ist diese Interpretation in aller Regel falsch! Für „die da oben" ist es unglaublich schwer, die Leistung Einzelner zu beurteilen oder zu bewerten, wer vom Team welchen Beitrag zum Erfolg eines Projektes geleistet hat. Wenn ein Mitarbeiter für eine Aufgabe verantwortlich ist, dann kann ein Vorgesetzter meistens noch die Leistung des Mitarbeiters beurteilen, aber wenn mehrere für etwas verantwortlich sind, wird das sehr schwer. Schon bei einem einzelnen Mitarbeiter ist es schwer zu beurteilen, ob dem Mitarbeiter etwas leichtgefallen ist oder ihm viel Mühe machte. Ich erinnere mich noch gut an meinen Kollegen Thomas bei The Boston Consulting Group. Wir saßen damals zu viert in einem sehr geräumigen Büroraum. Und als Thomas als Consultant zusammen mit meinem anderen Zimmerkollegen Daniel, einem hervorragenden Projektleiter und heute ein erfolgreicher Partner bei BCG, ein Projekt machte, suchte sich Thomas zuerst ein anderes Büro. Als ich von seinen Umzugsplänen erfuhr, war ich entsetzt und fragte nach dem Grund: Die Antwort war einfach: Er wollte nicht, dass sein Chef wusste, wie er arbeitet, ob ihm Dinge leichtfallen oder schwerfallen – er wollte sich nur an den Ergebnissen messen lassen.

Um wie viel schwieriger ist es für Vorgesetzte, die Leistungen Einzelner in einem Team zu beurteilen! Es ist also in aller Regel nicht böser Wille der Verantwortlichen, wenn Ihre Leistung nicht gesehen wird, sondern schlichtweg ein Nichtwissen. Und genau hier müssen Sie ansetzen. Sagen Sie, was Sie tun. Berichten Sie Ihrem Chef regelmäßig von Ihrer Arbeit und vor allem auch von Ihren Erfolgen (wie Sie die Berichterstattung in schwierigen Situationen und bei Misserfolgen handhaben, das erfahren Sie in Kapitel 3.5). Meine Faustregel ist: Mindestens einmal pro Woche sollten Sie Ihren Chef kurz darüber informieren, was Sie gerade machen und was Sie erreicht haben. Besondere Erfolge kommunizieren Sie sofort – und wenn es täglich Erfolge gibt, täglich! E-Mails sind ein wunderbares Mittel, um den Chef kurz (!) ins Bild zu setzen. Und Sie werden sehen, Ihr Chef wird dankbar dafür sein, dass er bei Ihnen weiß, was los ist. Am besten fragen Sie Ihren Chef einige Wochen, nachdem Sie die wöchentliche E-Mail-Information gestartet haben, ob diese Form der Information für ihn ausreichend ist, ob er sich mehr oder noch andere Informationen wünscht. So können Sie sicherstellen, dass Ihr Chef weiß, was Sie tun, und über Erfolge Bescheid weiß. Wenn Ihr Chef keine E-Mails mag oder liest, dann finden Sie einfach das bevorzugte Kommunikationsmedium Ihres Chefs und nutzen dieses – sei es eine kurze Notiz, sei es ein kurzes Gespräch. Am besten ist es natürlich immer, wenn der Informationsfluss in geschriebener Form stattfindet, weil es sich der Chef dann in der Regel leichter merken wird. Wenn Sie nur mündlich berichten, dann stellen Sie sicher, dass Ihre Botschaft auch ankommt (mehr erfahren sie dazu unter anderem in Kapitel 2.2.2).

Am schwierigsten ist es für Chefs bei Projektteams, den Erfolgsanteil des einzelnen Teammitglieds auszumachen. Leicht neigen die Chefs dann dazu, demjenigen, der sie informiert, auch den Löwenanteil an dem Projekterfolg zuzuschreiben – er hat ja sozusagen den aktiven Part. Daher ist gerade bei Projekten eine gute Kommunikation an den Chef sehr wichtig. Und unterschätzen Sie nicht die Bedeutung von informeller Kommunikation! Sie haben einen Meilenstein erreicht? Dann warten sie nicht bis zu ihrem nächsten offiziellen Projektreview mit den Vorgesetzten in einer Woche, sondern informieren Sie diese sofort. Tun Sie es nicht, werden es andere Mitglieder des Projektteams längst getan haben und die Überbringer der Botschaft werden meist auch als Verantwortliche für die Botschaft angesehen.

Noch eine kurze Anmerkung:
Ich verwende in diesem Buch zugunsten einer besseren Lesbarkeit jeweils die männliche Form, meine damit aber selbstverständlich auch Chefinnen, Mitarbeiterinnen usw.

Und wenn Ihnen doch jemand die Butter vom Brot nimmt, so stellen Sie sicher, dass das zukünftig nicht mehr passiert. Wenn Sie als Projektleiter den Projektverantwortlichen über den aktuellen Stand informieren wollen und er schon alles weiß, weil Kollege XY vorgeprescht ist, dann schlucken Sie in der Situation Ihren Ärger hinunter und zeigen sich als wahren Projektleiter, der alles im Griff hat und spontan auf aktuelle Situationen eingehen kann. Machen Sie das Beste aus der Situation und fassen nochmals die wichtigsten Ergebnisse zusammen, klären noch vorhandene Fragen und besprechen das weitere Vorgehen. Mit einer solchen Reaktion dürften Sie sich zumindest einen Teil der Lorbeeren zurückgeholt haben. Den generellen Umgang mit Lorbeer-Dieben besprechen wir in Kapitel 3.9.

KOMMUNIZIEREN SIE SELBST IHRE ERFOLGE

**1. Was haben Sie in den vergangenen Tagen Außerordentliches bzw. Gutes geleistet?
Es sollten Ihnen mindestens drei Dinge einfallen.**

_____

_____

_____

_____

2. Weiß Ihr Chef und weiß Ihre Umwelt davon? Und durch wen?

_____

_____

_____

_____

**3. Berichten Sie Ihrem Chef bzw. Ihrem Umfeld von Ihren Erfolgen (gewöhnen Sie sich an,
mindestens einmal pro Woche über Ihre Arbeitserfolge kurz [!] zu informieren).**

_____

_____

_____

_____

1.2 HEBEN SIE SICH VON DER MASSE AB

So werden Sie und Ihre gute Arbeit wahrgenommen

Sind Sie an Ihrem Arbeitsplatz unentbehrlich oder sind Sie nur einer von vielen, der ordentlich seine Arbeit erledigt, wie die Kollegen auch? Und wie sehen Ihre Kollegen und Ihr Chef Ihre Arbeit?

Nicht nur in wirtschaftlich schwierigen Zeiten mit großen Kündigungswellen ist es hilfreich, wenn man von den Chefs für unentbehrlich gehalten wird – die Chancen, den Arbeitsplatz zu behalten, steigen damit enorm. Über die eigene Arbeit zu reden ist das eine. Jetzt geht es darum, was Ihre eigene Arbeit auszeichnet: Was können bzw. machen Sie besser als Ihre Kollegen? Worin bestehen Ihre Stärken? Wir werden uns in Kapitel 2 intensiv mit diesem Thema befassen. Die große Bedeutung des Themas liegt darin, dass Sie sich durch eine gute Differenzierung gegenüber Ihren Kollegen zum einen systematisch einen guten Platz auf der Liste der wichtigen Mitarbeiter verschaffen und Sie sich andererseits für Beförderungen empfehlen. Denn nur Unterschiede fallen auf.

Vielleicht hatten Sie schon das Vergnügen einer Ballonfahrt. Wenn Sie von oben auf die Erde blicken, dann werden Sie vor allem die Dinge wahrnehmen, die sich entweder bewegen oder die sich deutlich von Ihrer Umgebung abheben. Und so einen Ballonfahrerblick haben auch die meisten Chefs: Sie nehmen Veränderungen wahr oder wenn jemand aus der Masse heraussticht. Nun kann man sich durch ganz verschiedene Mittel von der Masse der Kollegen abheben: Kleidung, Frisur, Auftreten usw. Am sinnvollsten, aber auch am schwersten ist es, sich durch gute Arbeit zu differenzieren. In Kapitel 2.1 werden wir systematisch erarbeiten, wie Sie sich differenzieren können. Dazu ist es wichtig, dass Sie sich auf Ihre Stärken konzentrieren und dass Sie das, was Sie tun, immer gut tun. Eine Stärke kann vieles sein – Abbildung 1 gibt einen kleinen Überblick. Außerordentliche Fachkenntnisse, umfangreiche Sprachkenntnisse, Soft Skills wie Umgang mit Menschen, Fähigkeit zu präsentieren oder zuzuhören und Ihre Werte, z.B. Ehrlichkeit, Verlässlichkeit, Pünktlichkeit, gehören dazu.

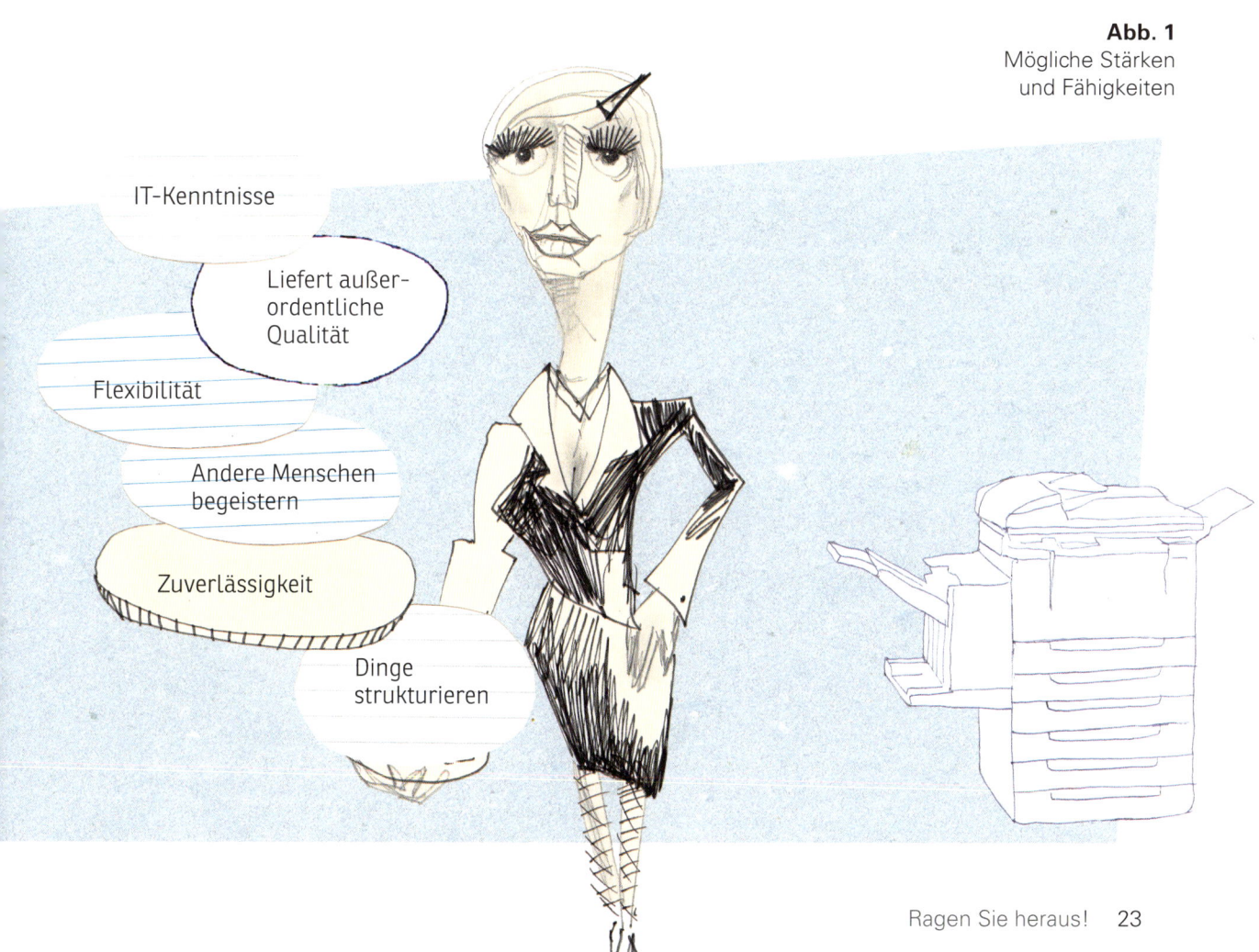

Abb. 1
Mögliche Stärken
und Fähigkeiten

Für eine erfolgreiche Partnerin bei The Boston Consulting Group sind neben den analytischen Fähigkeiten und Soft Skills, die ein Berater braucht, zwei Dinge für die Auswahl ihrer Mitarbeiter wichtig: „easy to handle" und „to deliver". Sie arbeitet einfach lieber mit Menschen zusammen, mit denen die Zusammenarbeit angenehm ist und die zweitens zuverlässig und pünktlich ihre Arbeit erledigen. Aber Achtung: Karrierefalle! Vor allem viele Frauen erfüllen genau diese beiden Eigenschaften, werden jedoch häufig nur als „graue Maus" oder „fleißige Arbeitsbiene" gesehen. In Kapitel 3 werden wir erörtern, wie Sie aus solchen positiven Eigenschaften auch positives Kapital für sich schlagen, und damit nicht mehr die „graue Maus" sind, sondern z. B. die hervorragende, zuverlässige und angenehme Mitarbeiterin Paula Bischoff, die allen relevanten Entscheidungsträgern namentlich bekannt ist.

Übrigens: Je außergewöhnlicher Ihre Stärken sind, desto eher können Sie Schwächen kompensieren. Die Beispiele dazu sind zahlreich. So wird aus den Zeiten, als bei IBM noch alle im dunkelblauen Anzug arbeiteten, erzählt, dass in der Kantine ein Mann im Schlabberpullover und in Socken (ohne Schuhe) in der Schlange stand. Als der Besucher fragte, wer denn das sei, hieß es, das ist der beste Programmierer des Betriebssystems – so jemand braucht sich um Konventionen nicht zu scheren.

WO RAGEN SIE HERAUS?

1. Was machen Sie besser als Ihre Kollegen bzw. Mitmenschen?

_____

_____

_____

_____

_____

_____

_____

_____

2. Haben Sie Stärken, die Sie heute in Ihrem Beruf noch gar nicht nützen (können)? (Wir arbeiten mit diesen Ergebnissen in Kapitel 2.1 weiter.)

_____

_____

_____

_____

_____

_____

_____

_____

_____

_____

1.3 IHR NAME STEHT FÜR SIE

So werden Ihre Chefs und Kollegen sich an Sie und Ihren Namen erinnern
Wie viele einflussreiche Menschen in Ihrer Firma oder Organisation kennen Sie?
Und was verbinden diese mit Ihnen bzw. Ihrem Namen?

Erinnern Sie sich noch an Matthias Rust, der zu Zeiten des Kalten Krieges mit einer Cesna auf dem Roten Platz in Moskau landete? Er schaffte es, durch eine einzelne Aktion in aller Munde zu sein, verschwand aber schnell wieder aus dem Interesse der Öffentlichkeit. Wenn wir die Chance haben, durch eine „spektakuläre" Aktion bekannt zu werden und diese Aktion zu unserem Markenkern passt, dann ist das immer eine wunderbare Möglichkeit, auf sich aufmerksam zu machen. Allerdings ist der Nutzen äußerst begrenzt, wenn es bei einer Eintagsfliege bleibt. Eine eigene Marke aufbauen kann nur, wer immer wieder auf sich aufmerksam macht und anhaltend und nachhaltig gute Arbeit (die von anderen auch als solche wahrgenommen und gesehen wird!) verrichtet. Und auch ohne „spektakuläre" Aktionen gibt es viele Möglichkeiten, die eigene Person in positiver Art und Weise bekannt zu machen.

Wir haben bisher bereits wichtige Grundlagen für den Aufbau Ihrer Ich-Marke besprochen: Die eigenen Erfolge selbst einheimsen und sich von der Masse abheben. Des Weiteren müssen Sie dafür sorgen, dass man Sie kennt. Mit „man" sind in diesem Fall die einflussreichen Personen gemeint, die über Beförderungen in Ihrer Firma, Ihrer Organisation oder Ihrem Institut entscheiden oder die für Einstellungen in anderen Firmen, anderen Organisationen, Universitäten usw. entscheiden. Es gibt viele Möglichkeiten, Marketing in eigener Sache zu betreiben. In Kapitel 3 werden wir uns damit intensiver und systematisch beschäftigen. Zunächst sollten Sie einfach die vielen Möglichkeiten des Selbstmarketings nutzen, die sich tagtäglich ergeben: Begrüßen Sie bei einem Meeting alle Anwesenden per Handschlag, und wenn Sie nicht bekannt sind, stellen Sie sich dabei kurz vor. Stellen Sie sicher, dass Sie bei dem Meeting auch wahrgenommen werden, d. h., dass auch hinterher noch alle wissen, dass Sie da waren.

Eine einfache Methode dafür ist, sich möglichst nah an die einflussreichste Person bei diesem Treffen zu setzen, denn diese Person wird am meisten angeschaut – und damit werden automatisch die Personen, die links und rechts davon sitzen, auch angeschaut. Nachhaltiger und eindrücklicher ist es natürlich, wenn Sie sich mit einer klugen Frage oder einem guten Beitrag zu Wort melden.

Viele Menschen unterlassen Wortmeldungen, weil sie meinen, sie hätten nichts wirklich Substanzielles zu sagen. Diese Annahme ist in den meisten Fällen falsch. Gewöhnen Sie es sich an, sich in jeder Sitzung mindestens einmal zu Wort zu melden – wie Sie das souverän tun können, dazu bekommen Sie in Kapitel 2.2 eine ganze Reihe Tipps.

Nutzen Sie die Möglichkeit, wenn Sie zufällig Menschen, die für ein Weiterkommen wichtig sein können, begegnen. Das Mindeste: Grüßen Sie diese Menschen freundlich. Wenn möglich, kommen Sie mit den Menschen in ein kurzes Gespräch. Die trivialste Methode dafür sind Small-Talk-Themen wie das Wetter. (Vermeiden Sie Themen wie Politik oder Religion, denn da gibt es viele Fettnäpfchen.) Besser noch, Sie kommen in ein kurzes inhaltliches Gespräch. Dazu sollten Sie immer Ihre „Aufzugsrede" fertig haben. Als Aufzugsrede bezeichnet man die Kurzvorstellung Ihrer Person in 30 Sekunden – eben so kurz, dass eine Aufzugsfahrt dafür reicht. Oder Sie sprechen ein konkretes Thema an, zu dem Sie eine interessante Information haben. Investieren Sie ruhig ein bisschen Zeit und Denkarbeit, wie Sie das geschickt anstellen können. Und meinen Sie nicht, das sei langweilig für andere Personen – ganz im Gegenteil. Das ist doch eine hervorragende Möglichkeit, anderen einflussreichen Personen oder auch Kollegen zu erzählen, was gerade in Ihrem Bereich los ist. Stellen Sie sicher, dass Sie keine Vertraulichkeiten ausplaudern – das disqualifiziert Sie. Und übermitteln Sie eine positive(!) Botschaft, z. B. was Sie erreicht haben oder gerade machen.

Als ich bei Bertelsmann anfing, habe ich für mich das Bertelsmann-Portfolio aufgemalt, um diesen Konzern besser verstehen zu können. Als Siegfried Luther, der damalige Finanzvorstand, an meinem Büro vorbeikam, habe ich ihn gegrüßt und ihn gefragt, ob er meine Variante des Bertelsmann-Portfolios sehen möchte. Und schon fingen wir, basierend auf meinem (noch handschriftlichen!) Chart, an, das Bertelsmann-Portfolio zu diskutieren. Kurz später standen vier Vorstandsmitglieder in meinem Büro und wir hatten eine kurze interessante Diskussion (ich hatte den strategischen Vorteil, dass mein Büro auf dem Weg zwischen den Büros von zwei Vorständen lag). Solche seltenen Sternstunden muss man nutzen, auch wenn das Chart eben noch nicht als schöne Power-Point-Folie vorlag, sondern noch (ordentlich und lesbar) handschriftlich war.

Nutzen Sie die Chancen, die sich Ihnen bieten. Nicht das nächste Mal, sondern jetzt. In Kapitel 2 werden Sie nun im Detail erfahren, was eine Ich-Marke ausmacht und wie Sie selbst zu einer überzeugenden Persönlichkeit mit einem starken Ich-Faktor werden.

NUTZEN SIE CHANCEN, SICH INS GESPRÄCH ZU BRINGEN

1. Überlegen Sie, was Sie derzeit beruflich Interessantes machen und was davon für Entscheidungsträger und Kollegen in Ihrem beruflichen Umfeld interessant sein könnte. (Achtung: Keine vertraulichen Dinge ausplaudern!)

2. Nutzen Sie ab jetzt Begegnungen, um immer kurz positiv über Ihre Arbeit zu berichten.

„Die Fingernägel eines Mannes, seine
Mantelärmel, seine Stiefel, die Knie
seiner Hosen, die Schwielen an Zeigefinger
und Daumen, sein Gesichtsausdruck,
seine Ärmelmanschetten – alle diese Dinge
enthüllen klar den Beruf eines Mannes.
Dass dies alles zusammen versagen sollte,
den kompetenten Ermittler aufzuklären,
ist ziemlich unvorstellbar.“

Sherlock Holmes

2 KENNZEICHEN EINER ICH-MARKE

Eine Marke ist das (und nur das), was die Umwelt wahrnimmt

Welches Bild kommt Ihrem Umfeld in den Kopf, wenn es Ihren Namen hört?
Wie stark unterscheiden sich die Bilder in Ihrem beruflichen und Ihrem privaten Umfeld?
Und wie würden Sie gerne wahrgenommen werden?

Maria Thanhoffer, eine bekannte Trainerin für Körpersprache und Auftritt, die 30 Jahre lang Schauspieler am renommierten Max Reinhardt Seminar in Wien ausbildete, machte mit ihren Schauspielschülern folgende Übung: Sie mussten für beliebige Passanten anhand deren Erscheinung erraten, welchen Beruf diese haben. Und wie bei einem Puzzle setzten die angehenden Schauspieler die verschiedenen Facetten, die sie wahrnehmen konnten, zum Berufsbild zusammen. Junger Mann mit dunklem Anzug, perfekt sitzender Krawatte, teuren Lederschuhen, Laptop-Tasche, teurer Uhr, aufrechtem, schnellem Gang, der ununterbrochen mit dem Handy telefoniert – hier vermuten wir einen Berater oder Investmentbanker. Lässige Jeans, Alter Anfang 20, Laptop-Rucksack und um elf Uhr unterwegs, lässt auf einen Studenten schließen. Eine Frau mit Kinderwagen und Einkaufstaschen – hier schließen wir schnell, ohne näher hinzusehen, auf eine Hausfrau und Mutter. Die topmodisch gestylte junge Frau, die perfekt geschminkt ist, allerdings am frühen Morgen etwas müde wirkt, arbeitet vielleicht in einer Werbeagentur. Und gar nicht erstaunlich: Mit ein bisschen Übung (die Passanten werden nach der Rateübung nach ihrem wirklichen Beruf gefragt) ist die Trefferquote sehr hoch.

Anhand des äußeren Eindrucks lässt sich sehr viel über einen Menschen sagen. Nicht nur, welchen Beruf er oder sie ausübt, sondern es lassen sich auch Vorlieben usw. erraten. Zu Studentenzeiten, als ich in einem Restaurant bedient habe, habe ich mir öfters mit meiner Chefin den Spaß erlaubt, bei neuen Gästen, die das Lokal betraten, zu erraten, welches der gut 50 Gerichte auf der Speisekarte sie wohl bestellen werden. Und auch hier war unsere Trefferquote erstaunlich hoch. Häufig lässt sich

an der Art und Weise, wie jemand ein Restaurant betritt, erkennen, ob jemand einen schönen „Schlemmerabend" plant, ob das Essen eher Nebensache beim Treffen mit Freunden ist, ob eine preiswerte Variante gewählt wird oder das Teuerste gerade gut genug ist.

Die Beispiele weisen auf etwas sehr Wichtiges hin: Meine Ich-Marke entsteht immer und ausschließlich im Kopf der anderen. Nicht das, was ich sein will, bestimmt meine Ich-Marke, sondern ausschließlich die Wahrnehmung meiner Person durch mein Umfeld. Und wie bei einem Foto wird das Bild, das sich andere von mir machen, umso schärfer, je mehr Bildpunkte existieren. Bildpunkte können dabei viele Dinge sein, z. B. das Auftreten, die Mimik, die Stimme, die Sprache. Bei jedem Kontakt, egal in welcher Form, werden neue Bildpunkte gesammelt und das vorhandene Bild, das wir uns über einen Menschen machen, wird verfeinert und ergänzt.

Ein Beispiel: Wenn wir mit einem fremden Menschen telefonieren, dann machen sich die meisten Menschen auch ein Bild von diesem Menschen und das, obwohl wir am Telefon (in der Regel) nur die Stimme und die Sprache hören. Eine gepflegte Sprache mit einem großen Wortschatz lässt auf einen gut ausgebildeten Menschen schließen, den wir uns häufig auch gut gekleidet vorstellen. Eine sympathische Stimme macht uns auch gleich den Anrufer sympathisch und wir hören viel aufmerksamer zu. In dem bekannten Musical My Fair Lady macht der Phonetik-Professor Higgins aus dem einfachen Blumenmädchen Eliza Doolittle binnen sechs Monaten eine bewunderte Dame, die nun anstelle ihrer ursprünglichen Gossensprache perfekte englische Konversation betreiben kann, sich anmutig bewegt und die von der

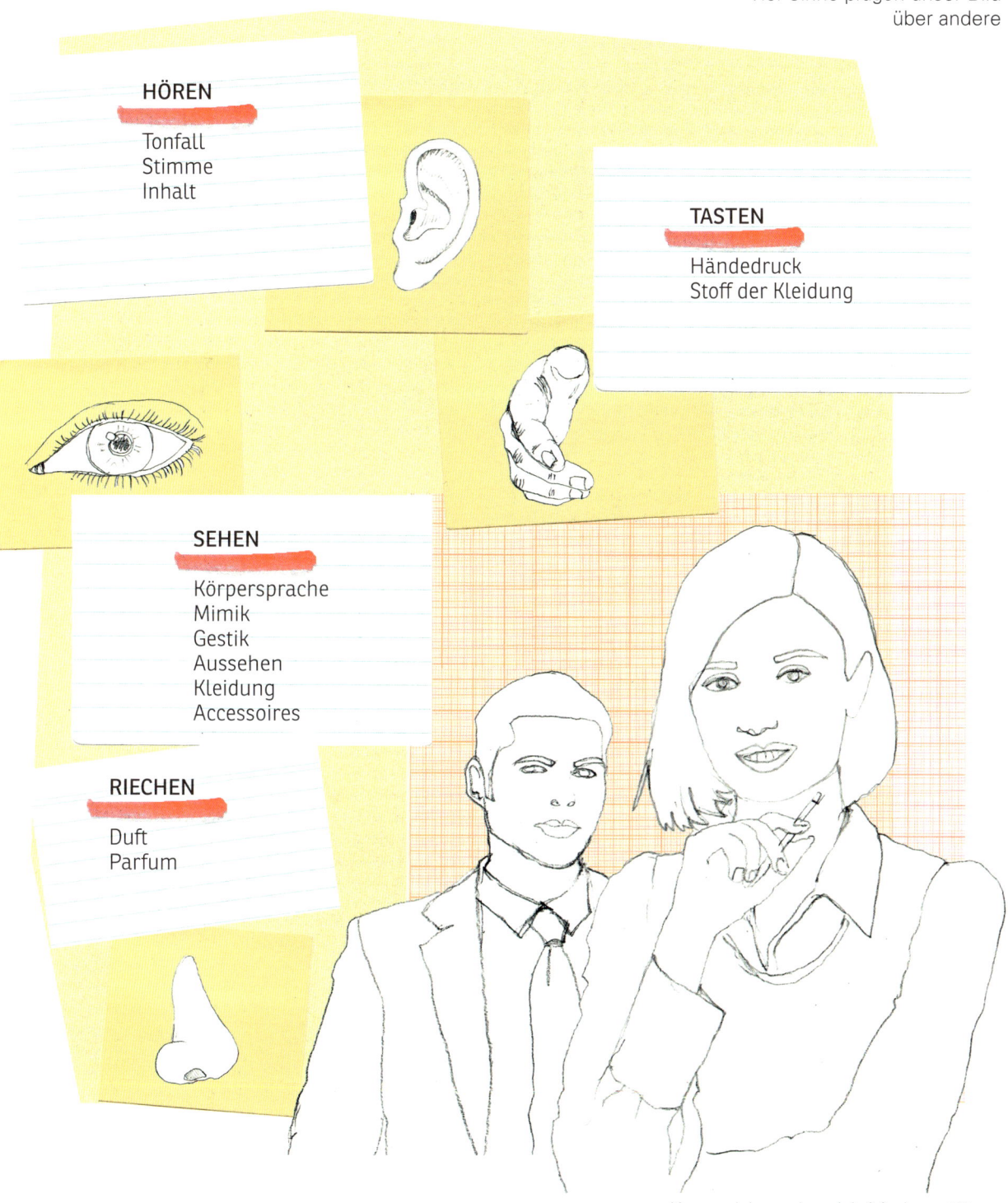

Abb. 2
Vier Sinne prägen unser Bild
über andere

HÖREN

Tonfall
Stimme
Inhalt

TASTEN

Händedruck
Stoff der Kleidung

SEHEN

Körpersprache
Mimik
Gestik
Aussehen
Kleidung
Accessoires

RIECHEN

Duft
Parfum

Gesellschaft aufgrund ihres Auftretens und ihrer Sprache für eine ungarische Prinzessin gehalten wird. Nicht nur Kleidung, sondern auch Sprache macht Leute.

Die Abbildung 2 zeigt, wie die Markenbildung funktioniert. Der Empfänger nimmt die unterschiedlichen Facetten des Gegenübers – hier im Beispiel von Paula – wahr. Die Wahrnehmung erfolgt dabei mit allen (!) Sinnen, d. h. Hören, Riechen, Sehen, Tasten. Und aus allen wahrgenommenen Facetten bildet der Empfänger für sich die „Marke Paula". Dabei nutzen wir vor allem zwei Mechanismen – die selektive Wahrnehmung und unsere Erfahrung. Wir nehmen bei einem Menschen das wahr, was uns ins Auge sticht bzw. besonders ist. Zum Beispiel auffallende Kleidung, eine besondere Position, besonderes Verhalten usw. Mit unserer Erfahrung schließen wir dann von diesen hervorstechenden Eigenschaften auf die übrigen Aspekte des Menschen. So entsteht schon beim allerersten Kontakt in sehr kurzer Zeit ein Bild über einen Menschen, mit dem wir ihn sozusagen in eine Schublade stecken. Dieses Schubladendenken ist schlicht eine Vereinfachungsmethode, die uns Menschen dabei hilft, uns in unserer komplexen, reizüberfluteten Welt zurechtzufinden. Daher ist der erste Eindruck auch so wichtig: Es ist nämlich nicht ganz einfach, aus einer Schublade in eine andere zu kommen, d. h., wenn der erste Eindruck falsch oder deutlich unvollständig ist, wird es eine längere Zeit und vor allem viele Kontakte dauern, bis dieser Eindruck korrigiert werden kann. Zwar nutzen wir jeden weiteren Kontakt, um weitere Informationen zu einem Menschen zu sammeln, jedoch gehen wir dabei selektiv vor, d. h., wir nehmen vor allem die Dinge wahr, die zu unserem bereits vorhandenen Schubladenbild passen.

Die Tatsache, dass meine Ich-Marke durch die Wahrnehmung der Umwelt entsteht, bedeutet auch, dass verschiedene Menschen mich verschieden erleben und damit bei verschiedenen Menschen unterschiedliche Markenbilder von mir entstehen können. Eine starke Ich-Marke entsteht dann, wenn mich verschiedene Menschen gleich erleben und sich ein zumindest sehr ähnliches Markenbild von mir machen. Das gelingt nur dann, wenn mein Auftritt konsistent ist, d. h. die vielen Eindrücke, die ich vermittle, zueinander stimmig sind.

Wenn sich das Bild, das wir uns von anderen Menschen machen bzw. sich andere Menschen von uns machen, aus vielen Einzelpunkten zusammensetzt, stellt sich automatisch die Frage, wie wir mit widersprüchlichen Signalen umgehen. Hierbei muss man zwischen widersprüchlichen Signalen, die während eines Kontakts ausgesendet werden, und solchen, die bei verschiedenen Kontakten entstehen, unterscheiden. Wenn während eines Kontakts von einer Person widersprüchliche Signale ausgesendet werden, dann verlassen wir uns intuitiv auf die Signale der Körpersprache und nicht auf das Gesagte! Und zwar schlicht und einfach, weil wir alle wissen, dass man mit Körpersprache sehr viel schlechter lügen kann. Wir müssten schon ein exzellenter Schauspieler sein, wenn wir mit Körpersprache lügen wollten. Ein Gesichtsausdruck sagt eben mehr als tausend Worte. In Kapitel 2.2.4 wollen wir uns genauer die Wirkung und den Umgang mit inkonsistenten Signalen anschauen.

Die vielen verschiedenen Eindrücke, die andere von und über uns bekommen, und die zusammen den Gesamteindruck ergeben, lassen sich in einen Markenkern und in „Transporteure" des Markenkerns einteilen. Im Markenkern ist all das zusammengefasst, was uns als Mensch ausmacht. Dazu gehören unsere Stärken und Fähigkeiten, unser Wissen und unsere Werte. Dieser unser Kern ist für andere nicht direkt sichtbar. Unsere Umwelt nutzt daher die „Transporteure", das sind die Dinge, mit denen andere uns wahrnehmen, um auf unseren Kern zu schließen. Dazu gehören Sprache und Stimme, unser Aussehen, Mimik und Gestik, die Körperhaltung, unsere Accessoires und unser Verhalten. In Abbildung 3 sind der Markenkern und die Transporteure dargestellt.

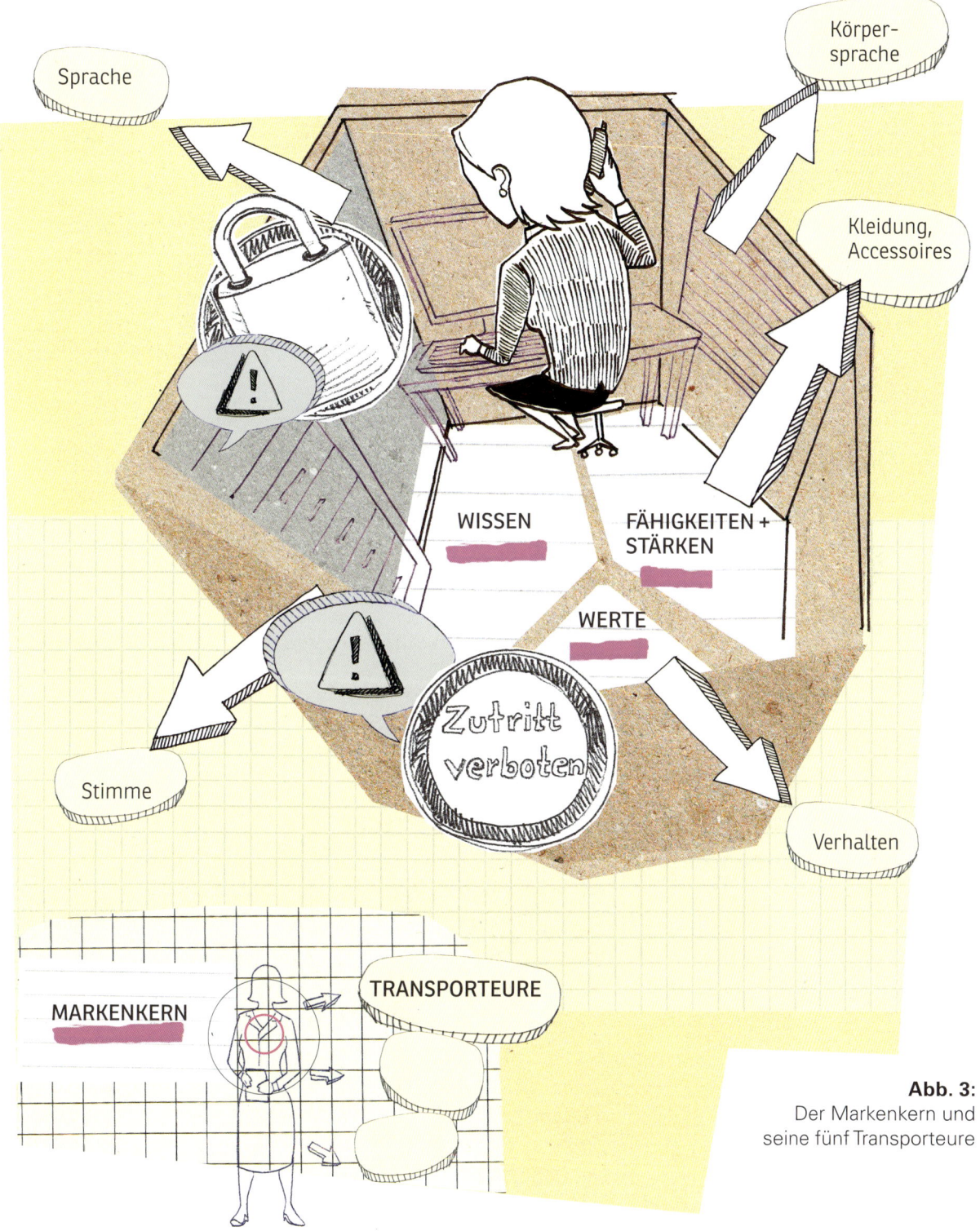

Abb. 3:
Der Markenkern und
seine fünf Transporteure

Neben diesen beiden Aspekten Markenkern und Transporteuren gehören zur Markenbildung noch drei weitere Dimensionen, die in Abbildung 4 dargestellt sind. Die Kontinuität berücksichtigt den zeitlichen Aspekt. Für eine starke Persönlichkeit gilt, dass sich der Eindruck und die Wahrnehmung bei jeder Begegnung bestätigen. Unsere freundliche und hilfsbereite Nachbarin erweist sich immer wieder als freundlich und hilfsbereit. Der exzellente Controller hat immer seine Zahlen im Griff, duldet keine Verspätung bei der Abgabe von geforderten Daten und fragt prompt nach, wenn die Zahlen vom Business- oder Jahresplan abweichen. Der Kreativchef einer renommierten Werbeagentur hat immer wieder super Ideen zur Vermarktung der ihm anvertrauten Produkte. Die modisch gestylte Kollegin ist immer gut gekleidet. Der souveräne Chef vermittelt immer den Eindruck zu wissen, wo es langgeht. Die Betonung liegt dabei auf immer. Bei jeder Begegnung bestätigt sich unser Eindruck.

Die vierte Dimension berücksichtigt die Erwartungen unseres Umfelds an uns – das Auftreten einer Person muss erwartungskonform oder auch situationsadäquat sein. Je nach Position, Ausbildung oder auch Erscheinungsbild haben wir bestimmte Erwartungen an einen Menschen. Von einer Geschäftsführerin erwarten wir ein souveränes Auftreten, an einen Pfarrer stellen wir hohe Moralanforderungen, beim Marketing- chef einer Modemarke erwarten wir, dass er selbst modisch gekleidet ist.

Die Erwartungen erstrecken sich auf alle fünf Transporteure, wobei einzelne Elemente unter- schiedlich gewichtet werden. In einem Fall legen wir mehr Wert auf das Verhalten, im anderen auf Kleidung, äußere Eindrücke usw. Wenn unsere Erwartungen nicht erfüllt werden, wenn z. B. der sparsame geschäftsführende Gesellschafter plötzlich anfängt, erster Klasse zu reisen, teure Geschäftsessen zu geben oder seinen Ange- stellten plötzlich Luxus erlaubt, dann sind wir irritiert und fragen uns: Was ist mit dem Chef bloß los? Wie wir mit solchen inkonsistenten Signalen umgehen, besprechen wir in Kapitel 2.2.4.

Und schließlich ist eine starke Persönlichkeit ein- deutig, d. h., verschiedene Menschen erleben uns in ähnlichen Situationen gleich. Der strenge Chef wird von allen Mitarbeitern als streng erlebt. Der aufstrebende Jungmanager wird von allen als arbeitsam und ehrgeizig beschrieben. Der cholerische Abteilungsleiter wird immer wieder bei Wutausbrüchen ertappt. Die erfahrene Produktionsleiterin entwickelt immer wieder schnelle pragmatische Lösungen. Es ist völlig normal, dass wir in unterschiedlichen Situationen verschieden sind. Beim abendlichen Tennisspiel darf der strenge Chef durchaus ein Kumpel sein – in den allermeisten Fällen sind dann aber auch keine Mitarbeiter mit von der Partie.

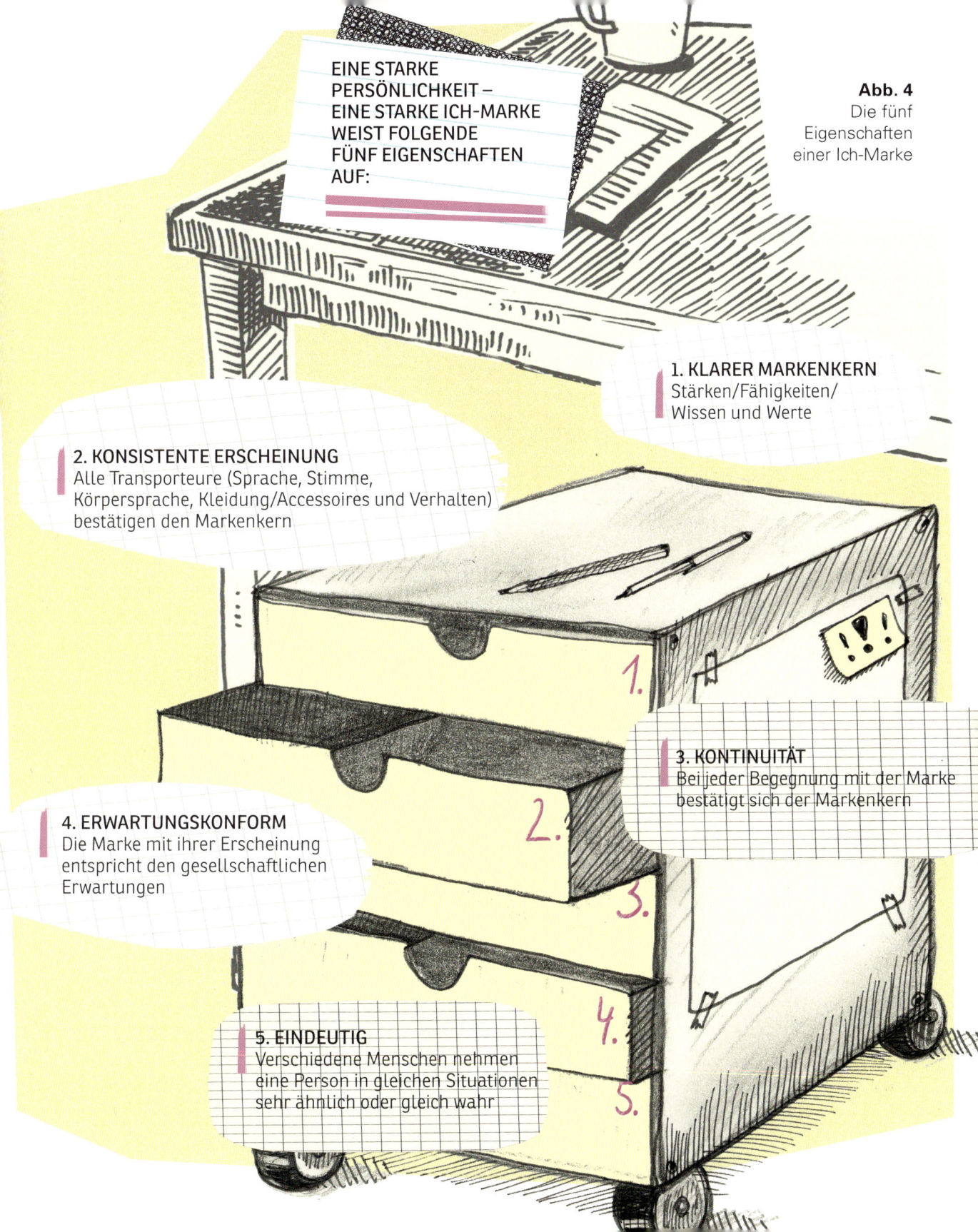

EINE STARKE PERSÖNLICHKEIT – EINE STARKE ICH-MARKE WEIST FOLGENDE FÜNF EIGENSCHAFTEN AUF:

Abb. 4
Die fünf Eigenschaften einer Ich-Marke

1. KLARER MARKENKERN
Stärken/Fähigkeiten/ Wissen und Werte

2. KONSISTENTE ERSCHEINUNG
Alle Transporteure (Sprache, Stimme, Körpersprache, Kleidung/Accessoires und Verhalten) bestätigen den Markenkern

3. KONTINUITÄT
Bei jeder Begegnung mit der Marke bestätigt sich der Markenkern

4. ERWARTUNGSKONFORM
Die Marke mit ihrer Erscheinung entspricht den gesellschaftlichen Erwartungen

5. EINDEUTIG
Verschiedene Menschen nehmen eine Person in gleichen Situationen sehr ähnlich oder gleich wahr

Wenn wir dagegen bei verschiedenen Menschen in ähnlichen Situationen unterschiedliche Eindrücke hinterlassen, löst das Irritationen aus und eine Karriere wird deutlich erschwert. So klagen z. B. viele Personalchefs, dass die inkonsistenten Signale von Mitarbeitern bezüglich ihrer Karriereambitionen ihnen richtig Kopfzerbrechen bereiten. Ein wesentlicher Grund für Firmen, mit einem Bewerber mehrere Gespräche zu führen, besteht genau darin, dass sich unterschiedliche Menschen ein Bild von dem einen Kandidaten machen können. Und nur der Kandidat, der alle in ähnlicher Weise überzeugt, wird in der Regel eingestellt. Bei den großen Beratungsfirmen werden die Bewerber von allen Beratern, die mit ihnen sprechen, mit Punkten (meist von eins bis zehn) anhand festgelegter Dimensionen bewertet. Und in aller Regel sind die Bewertungen der unterschiedlichen Berater für einen Kandidaten sehr ähnlich oder sogar identisch, d. h., mit ein bisschen Erfahrung in Bewerbungsgesprächen machen sich unterschiedliche Menschen in einem einstündigen Gespräch ein durchaus ähnliches Bild von einem Bewerber.

Natürlich werden wir nicht als starke Persönlichkeit geboren. Aber wenn die unterschiedlichen Begegnungen mit uns einen roten Faden haben und dieser rote Faden den Markenkern widerspiegelt, dann schaffen wir es, im Laufe der Zeit eine starke persönliche und berufliche Ich-Marke mit einem hohen Ich-Faktor aufzubauen. In den folgenden Kapiteln wollen wir uns mit diesen fünf Eigenschaften einer starken Ich-Marke näher auseinandersetzen.

SELBSTÜBUNG
WELCHE WIRKUNG ERZIELEN SIE?

1. Überlegen Sie, welche Assoziationen Sie bei Mitmenschen durch Ihr Auftreten auslösen!

_____

_____

_____

_____

2. Zu welchem Berufsbild werden Menschen, die Sie nicht kennen, Sie aufgrund Ihres äußeren Erscheinungsbildes zuordnen?

_____

_____

_____

_____

3. Ist Ihnen diese Zuordnung angenehm und ist diese Zuordnung richtig?

_____

_____

_____

_____

_____

_____

2.1 DER MARKENKERN

Im Kern ist alles zusammengefasst, was Sie als Mensch auszeichnet und zu etwas Besonderem macht

Welche besonderen Fähigkeiten und Kenntnisse haben Sie? Unterscheiden Sie sich dadurch von den Kollegen?

Der Kern einer Marke ist das, wofür die Marke steht. Claudia Schiffer steht für Schönheit, Friedrich Merz für Steuerkompetenz, Bert Rürup gilt als Experte für Sozialversicherungen. Sie verehrter Leser stehen für …
Jeder und jede kann eine Marke sein, nur nicht jeder von uns erreicht damit deutschlandweite oder gar internationale Bekanntheit.

Das, was einen Menschen ausmacht und besonders macht, sind zunächst einmal seine Fähigkeiten, sein Wissen und seine gelebten Werte. Zu dem Wissen gehören sein Wissen über Dinge und das Wissen, wie man etwas macht. Der erfolgreiche Computerhacker weiß, wie Firewalls funktionieren, und er kann gut programmieren. Der Spitzenkoch weiß, wo er gute frische Zutaten bekommt, und er kocht daraus ein leckeres Menü. Die hervorragende PR-Frau kennt alle wichtigen Journalisten in ihrem Fachgebiet und schafft es, dass die Berichterstattung über ihre Firma selbst in einer Krise noch gut oder zumindest akzeptabel ausfällt. Da dienen Entlassungen nicht zuvorderst der Gewinnvermehrung und der Erhöhung der Bonuszahlungen des Managements, sondern der Zukunftssicherung der Firma und der Sicherung der verbleibenden Arbeitsplätze.

Nun wissen die meisten Menschen sehr viel und haben auch viele verschiedene Fähigkeiten. Aber was ist relevant für unseren Markenkern? Am Beispiel von Albert Einstein lässt sich diese Frage gut beantworten: Albert Einstein spielte sehr gerne Violine und liebte die Musik. Wir wissen heute nicht, ob Albert Einstein ein bekannter und gefeierter Violinist geworden wäre. Jedoch hat er für seine außergewöhnlichen Leistungen in Physik und Mathematik den Nobelpreis bekommen. Albert Einstein konnte Außergewöhnliches leisten, weil er sich auf seine Stärken (Physik und Mathematik) konzentriert hat. Spitzenleistungen entstehen immer dann, wenn Menschen sich auf Ihre Stärken konzentrieren. Unsere Stärken sollten also unseren Markenkern ausmachen.

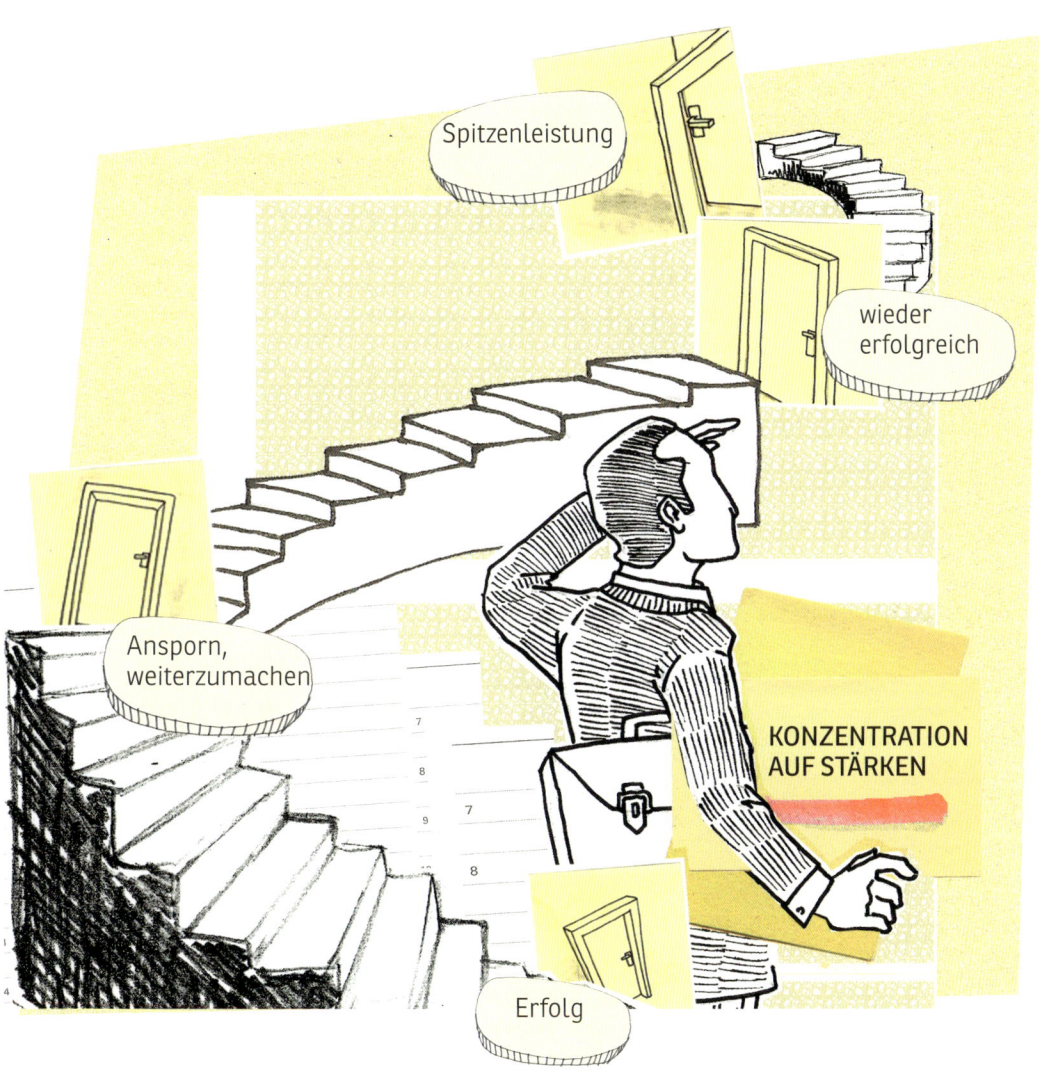

Die Fokussierung auf Stärken, statt das Ausmerzen von Schwächen zu forcieren, hat in vielen Bereichen in den vergangenen Jahren zu einem Umdenken geführt: So haben z. B. die meisten neuen Weiterbildungskonzepte für Erzieherinnen das Ziel, die Kinder stärkenorientiert zu fördern. Das Umdenken trägt neuen Erkenntnissen der Hirnforschung Rechnung: So wurde festgestellt, dass Kinder viel schneller und besser lernen, wenn sie ein Thema interessiert, und dass sie nur sehr wenig lernen, wenn sie zu etwas gezwungen werden. Für Führungskräfte bzw. fürs Arbeitsleben beschreibt Fredmund Malik in seinem sehr lesenswerten Buch *Führen, Leisten, Leben* die systematische Nutzung der eigenen Stärken als einen wichtigen Grundsatz wirksamer Führung. Und es ist ja auch sehr einleuchtend. Wenn wir nicht besonders musikalisch sind, werden wir es zwar mit viel Übung zu einem passablen Klavierspiel bringen, aber wir werden es wohl kaum schaffen, als Pianist die großen Konzertsäle dieser Welt zu füllen. Oder wenn wir nur mäßig sportlich begabt sind, werden wir trotz stundenlangen Übens nie zu einer zweiten Steffi Graf werden. Herausragende Spitzenleistungen entstehen immer dann und nur dann, wenn sich Menschen auf ihre Stärken konzentrieren. Die Begründung dafür ist einfach und in Abbildung 5 zusammengefasst: Wenn wir uns auf unsere Stärken konzentrieren, werden wir viel wahrscheinlicher Erfolgserlebnisse haben. Erfolg spornt an, wir wollen wieder Erfolg haben und setzen dafür wieder unsere Stärken ein. Und so entsteht aus jahrelangem Üben herausragendes Können und viel Erfahrung – die Grundlage für Spitzenleistungen.

Doch wie kann ich meine eigenen Stärken identifizieren? Das ist keine leichte Aufgabe, denn es gibt nicht die geringste Korrelation zwischen gerne tun und gut tun. Stattdessen müssen wir uns fragen, was uns leichtfällt. Und leider fallen uns die Dinge, die uns leichtfallen, in der Regel gar nicht mehr auf.

Um unsere Stärken zu identifizieren, müssen wir uns selbst erst einmal genau beobachten: Was fällt uns leicht? Das ist für Schüler meist noch einfach zu beantworten: Es gibt Schulfächer, in denen man auch ohne viel Lernen gut ist, eben weil es einem leichtfällt. Der eine schüttelt Mathematik aus dem Ärmel, der andere schaut einmal Vokabeln an und hat sie im Kopf. Schwieriger wird es, wenn es um allgemeine Fähigkeiten geht. Der eine kann wunderbar mit Menschen umgehen, zuhören, sich in andere Menschen hineinversetzen. Der andere ist der perfekte Organisator, der alles genau durchplant und durchdenkt. Eine Dritte schafft es wunderbar, andere für Dinge zu begeistern und zu motivieren. Die Liste möglicher Stärken ist unglaublich lang. Am Ende des Kapitels wollen wir in einer Selbstübung Ihre persönlichen Stärken aufspüren.

Idealerweise sollten also unsere Stärken unseren Markenkern prägen. Ergänzt werden diese Stärken durch das Wissen, das wir haben und das nicht in unmittelbarem Zusammenhang mit unseren Stärken steht. Das können z. B. Sprachen sein, die ich spreche, oder Wissen, das ich für meinen Beruf brauche.

Neben den Stärken und unserem Wissen ist das Wertesystem eines Menschen für seinen Markenkern von Bedeutung, und zwar insbesondere die Werte, die im Zusammenleben mit anderen Menschen von Bedeutung sind. Es macht einen Unterschied, ob ein Mensch integer, zuverlässig oder opportunistisch ist oder ob es sich gar um einen Intriganten handelt. Wie ein Mensch andere Menschen sieht, bestimmt seine Zusammenarbeit mit anderen Menschen und damit auch seine Teamfähigkeit. Verantwortungsbewusstsein ist ebenfalls ein Wert, der einen Menschen für viele Firmen und auch andere Mitmenschen wertvoll macht. Weil die Werte eines Menschen seine Richtschnur für sein Handeln sind, ist es für uns so wichtig, die Werte eines Menschen – wir nennen die Summe aller Werte dann auch Charakter – zu kennen.

Werte sind vergleichbar mit einem mathematischen Vektor – sie zeigen zum einen eine Richtung an und sie schaffen zum anderen ein Kraftfeld. Entscheidend sind immer die gelebten Werte, nicht die proklamierten Werte. Doch wie kommen wir zu unseren Werten? Unsere Werte wurden geprägt durch unsere eigene Lebensgeschichte, durch unsere Erziehung, die in der Familie gelebten Werte und durch die gelebten Werte in unserem Umfeld. So entstehen durch diese Prägung die individuellen Werte eines Menschen. Wir können uns die Werte wie einen Blumenstrauß denken – jeder Mensch hat einen anderen Blumenstrauß an Werten. Da gibt es sehr viele unterschiedliche Werte (= Blumen), die je nach ihrer individuellen Wichtigkeit und Bedeutung (= Größe) zu einem Strauß geformt werden können.

Werte erscheinen zwar auf den ersten Blick binär, d. h., man lebt sie oder nicht, aber die Wirklichkeit ist komplizierter. Es gibt viele mögliche Abstufungen. Nehmen wir z. B. den Wert Ehrlichkeit. Fast alle werden zustimmen, dass sie lieber mit ehrlichen Menschen zusammenarbeiten. Aber was ist ehrlich? Ist es ehrlich, wenn ich nicht sage, was ich denke? Zum Beispiel, dass mir die heutige Kleidung meines Kollegen überhaupt nicht gefällt? Ist es schon eine verwerfliche Lüge, wenn alle Anrufer von meinem Anrufbeantworter die Nachricht hören, dass ich nicht erreichbar bin und ich in dieser Zeit neben dem Telefon sitze und ungestört am Schreibtisch arbeite?

Die griechische Antike unterscheidet vier Kardinaltugenden: die Weisheit als Tugend des Verstandes, die Tapferkeit als Tugend des Willens, die Mäßigung als Gleichgewicht zwischen Genuss und Askese, zwischen Strenge und Nachgiebigkeit und zwischen plumper Vertraulichkeit und abweisender Kälte und viertens die Gerechtigkeit. Aristoteles ergänzt diese Kardinaltugenden um weitere wie Freigebigkeit, Hilfsbereitschaft, Toleranz, Großmut, Sanftmut, Wahrhaftigkeit, Höflichkeit, Einfühlsamkeit. Davon zu unterscheiden sind Sekundärtugenden wie Fleiß, Ordnung, Sparsamkeit, die vor allem instrumentellen Charakter haben. In der Neuzeit (Werte bzw. Tugenden sind immer in einem historischen Kontext zu sehen und ändern sich mit dem sozialen Kontext, den technischen Möglichkeiten, dem Wissen usw.) kommen Werte wie Freiheit und Gleichheit dazu.

Es gibt also viele unterschiedliche Werte –
in unserem Bild Blumen –, die bei einzelnen
Menschen eine unterschiedliche Wichtigkeit –
im Bild der Blumen eine unterschiedliche Größe –
haben. Die Werte haben bei jedem Menschen
in sich eine Hierarchie, die allerdings häufig
unbewusst ist. Der Lackmustest für diese hier-
archische Anordnung tritt immer dann ein, wenn
die Einhaltung eines Wertes die Verletzung eines
anderen Wertes verlangt. Nehmen wir an, für
Sie ist Pünktlichkeit wichtig. Wenn Sie nun zu
spät dran sind, fahren Sie dann über eine rote
Ampel und verletzen allgemein vereinbarte
Regeln und gefährden eventuell sich und andere
Menschen oder halten Sie sich an die Verkehrs-
regeln und kommen zu spät?

Nachdem wir nun die drei Elemente unseres
Markenkerns (Fähigkeiten, Stärken, Wissen und
Werte) erarbeitet haben, wollen wir überlegen,
was davon Sie einzigartig macht. Was hebt Sie
aus der Masse der anderen Menschen, der
Kollegen heraus? Im Marketing steht dafür der
Begriff USP (Unique Selling Proposition).
Der USP kennzeichnet das, was uns im Vergleich
zu anderen einzigartig macht oder wie wir uns
von der Masse abheben. Im besten Fall verfüge
ich zumindest über eine Stärke, die nur wenige
andere Kollegen haben und (!) die in meinem
beruflichen Umfeld relevant ist – meinen USP.
Allerdings ist ein so identifizierter USP noch
kein Garant für eine Karriere. Wenn Sie Karriere
machen wollen, dann kommt es nicht nur darauf
an, was Sie gut können, sondern auch darauf,
welche Fähigkeiten Ihre Firma braucht. Abbildung 6 zeigt die beiden Dimensionen in einem
karriererelevanten Stärken-Portfolio.

Ihr Differenzierungspotenzial beschreibt, wo Sie
besser und wo Sie weniger gut als Ihre Kollegen
sind. Aber selbst wenn Sie etwas besonders gut
können und allen Kollegen weit überlegen sind,
ist das noch keine Garantie für eine Karriere.
Denn nur wenn Ihre Firma genau diese Fähigkeiten braucht, werden Sie gute Karrierechancen
haben. Angenommen Sie sind ein fantastischer
Steuerexperte, der alle legalen Tricks zum
Steuersparen kennt, und Steuern sind für Ihre
Firma ein ganz wichtiges Thema, dann haben Sie
gute Chancen, auf der Karriereleiter nach oben
zu steigen. Wenn aber Ihre Firma nur Verluste
macht und keine Steuern zahlt, werden Ihre
Fähigkeiten wahrscheinlich kaum genutzt und
kaum erkannt. Hier empfiehlt sich ein beruflicher
Wechsel zu einer Firma, die einen guten Steuer-
experten zu schätzen weiß. Ein Star werden Sie
immer dann sein, wenn Sie über herausragende
Stärken verfügen, die gleichzeitig auch in Ihrem
beruflichen Umfeld sehr wichtig sind. Wenn Sie
bei allen wichtigen Fähigkeiten, die in Ihrem
beruflichen Umfeld von Bedeutung sind, nur
bestenfalls durchschnittliche Leistungen zu bieten
haben (Position „Fragezeichen" in Abbildung 6),
dann sollten Sie systematisch daran arbeiten,
zumindest in ein oder zwei Dimensionen deutlich überdurchschnittlich zu werden! Ansonsten
werden Sie sich kaum beruflich weiterentwickeln.

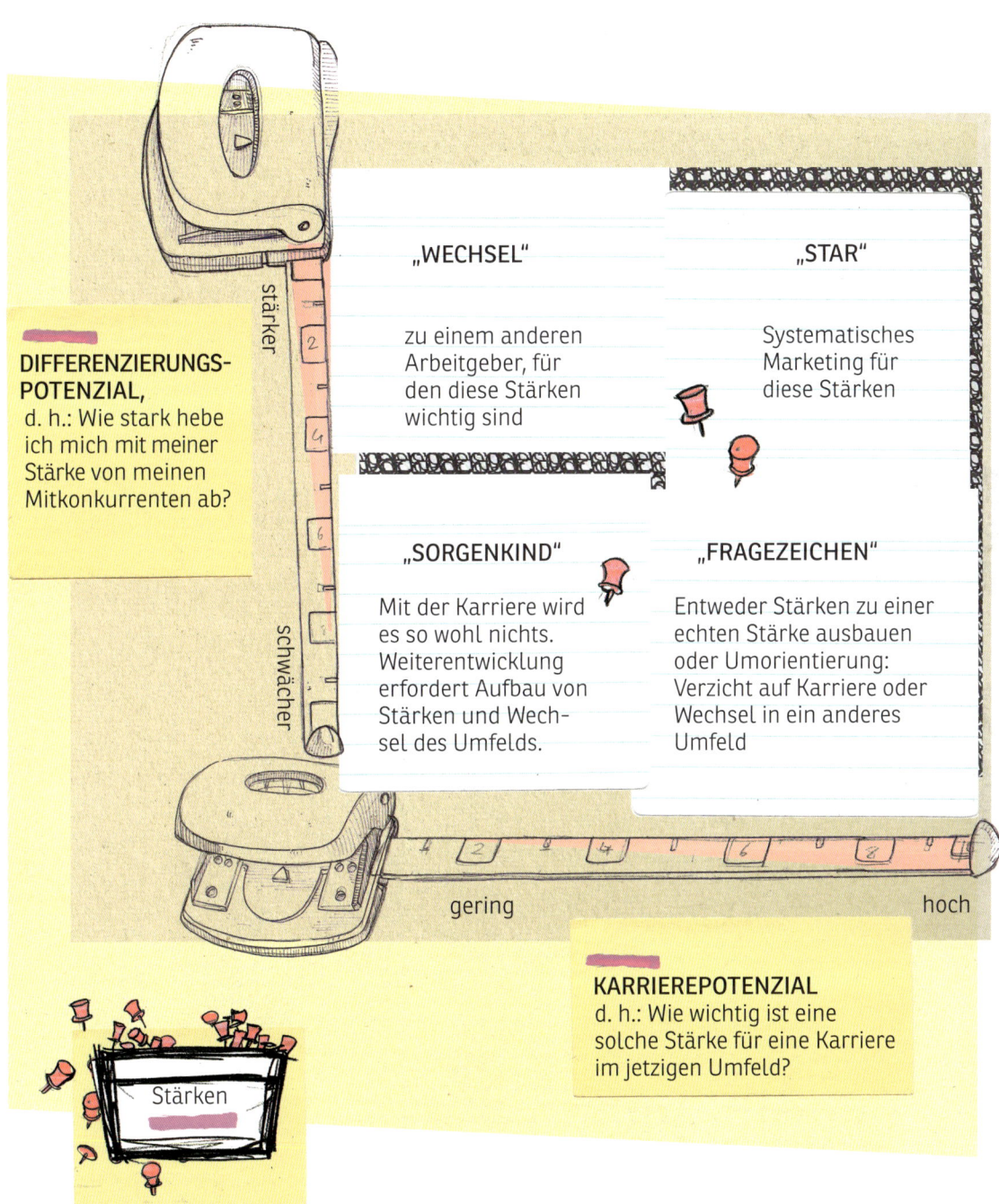

**DIFFERENZIERUNGS-
POTENZIAL,**
d. h.: Wie stark hebe
ich mich mit meiner
Stärke von meinen
Mitkonkurrenten ab?

stärker

schwächer

„WECHSEL"

zu einem anderen
Arbeitgeber, für
den diese Stärken
wichtig sind

„STAR"

Systematisches
Marketing für
diese Stärken

„SORGENKIND"

Mit der Karriere wird
es so wohl nichts.
Weiterentwicklung
erfordert Aufbau von
Stärken und Wech-
sel des Umfelds.

„FRAGEZEICHEN"

Entweder Stärken zu einer
echten Stärke ausbauen
oder Umorientierung:
Verzicht auf Karriere oder
Wechsel in ein anderes
Umfeld

gering   hoch

Stärken

KARRIEREPOTENZIAL
d. h.: Wie wichtig ist eine
solche Stärke für eine Karriere
im jetzigen Umfeld?

Für eine Erfolg versprechende Karriereplanung ist ein iteratives Vorgehen sinnvoll, d. h., ich identifiziere meine Stärken, beurteile dann, wie relevant diese Stärken für meine Firma oder die Organisation, in der ich Karriere machen will, sind und wie ich im Vergleich zu meinen Kollegen dastehe. Wenn ich Karriere machen will, sollte ich mich auf meine Stärken mit dem größten Karrierehebel konzentrieren. Wichtig ist zu beachten, dass es durchaus sein kann, dass Stärken, die ich heute kaum brauche, einen großen Karrierehebel haben. Dann muss ich systematisch nach Gelegenheiten suchen, diese Stärken zu zeigen. Beispielsweise müssen Führungskräfte gut präsentieren können. Also ist es ratsam, schon früh jede Möglichkeit, Dinge zu präsentieren, zu nutzen. Zum einen, um zu üben, zum anderen, um zu zeigen, dass ich das kann.

Bei allem Fokus auf USP und zukünftig wichtige Fähigkeiten dürfen Sie nie vergessen, dass eine notwendige Grundvoraussetzung für eine erfolgreiche berufliche Entwicklung zunächst einmal gute bzw. hervorragende Arbeit im bestehenden Job ist. Und in aller Regel ist ein Großteil der Stärken, die im aktuellen Job hilfreich sind, auch auf der nächsten Stufe der Karriereleiter wichtig. Alfred Herrhausen, der am 30. November 1989 ermordete Vorstandssprecher der Deutschen Bank, hat davon berichtet, dass sein Vater ihm geraten hat, einfach jeden Tag eine Stunde länger zu arbeiten als die Kollegen. Er sei nicht blöd und dann müsste dieser zusätzliche Arbeitseinsatz ausreichen, um Karriere zu machen. Und Alfred Herrhausen hat nicht nur eine erstaunliche Karriere gemacht, er war einer der großen Chefs der Deutschen Bank.

Um Karriere zu machen, ist die Kenntnis Ihres eigenen persönlichen Kerns eine wichtige, aber keine hinreichende Voraussetzung. Ihre Umwelt muss um Ihre Stärken, Fähigkeiten und Werte wissen. In den folgenden Kapiteln wollen wir uns die Transporteure des Markenkerns anschauen, also die Dinge, mithilfe derer unsere Umwelt auf unseren Markenkern schließt. Denn wie oben beschrieben wird der Markenkern ausschließlich (!) durch die Wahrnehmung des Umfelds bestimmt.

SELBSTÜBUNG
IDENTIFIZIERUNG IHRER STÄRKEN

Folgende Fragen sollen Ihnen helfen, Ihre eigenen Stärken zu identifizieren. Fokussieren Sie sich dabei auf das für Sie relevante Umfeld, z. B. das berufliche Umfeld:

1. Was fällt mir leicht?

_____

_____

_____

2. Was kann ich besser als meine Kollegen oder Mitmenschen?

_____

_____

_____

3. Wofür hat mein Chef mich gelobt?

_____

_____

_____

4. Welche Stärken sehen Ihre Mitmenschen bei Ihnen?

_____

_____

Gut ist es, wenn Sie einen Kollegen bzw. sogar Ihren Chef fragen können, wo er Ihre Stärken sieht. So könnten Sie z. B. im Rahmen eines Jahresgespräches Ihren Chef fragen, was er an Ihnen schätzt und was Sie noch besser machen können. Eine solche Form von Feedback ist in aller Regel sehr nützlich.

2.2 WIRKEN SIE AUTHENTISCH!

Markenkern, äußeres Erscheinungsbild und interaktives Verhalten müssen stimmig sein

Wenn Leute Sie zum ersten Mal treffen, welchen Rückschluss ziehen diese Menschen auf Sie? Bleiben Sie überhaupt in Erinnerung? Und wenn ja, warum?

Rückschlüsse sind ein zentrales Element für unsere Umwelt, um uns zu verstehen. Die Menschen um uns herum nutzen unser äußeres Erscheinungsbild, die Art und Weise, wie wir sprechen, unsere Wortwahl und unser Verhalten, um sich ein Bild von uns zu machen, um unseren Kern und unseren Charakter zu erfassen. Mehrabian hat in den 70er-Jahren in den USA in einer Studie ermittelt, dass bei dem ersten Eindruck unser Erscheinen (Körpersprache, Kleidung, Accessoires) die Hauptrolle spielt (55 %), gefolgt von Sprache und Stimme (33 %), und dass der Inhalt bescheidene 7 % des ersten Eindrucks ausmacht.

In meinen Seminaren mache ich mit den Seminarteilnehmern gerne zu Beginn ein kleines Erinnerungsspiel: Direkt nach der Vorstellungsrunde bitte ich die Teilnehmer, sich mit ihrem Stuhl umzudrehen und ein vorgefertigtes Blatt auszufüllen, ohne nach links und rechts zu schauen: Hier frage ich ab, an wen aus der Vorstellungsrunde sich die Teilnehmer nach dieser kurzen Zeit erinnern können und an was (Name, Kleidung, Inhalt der Vorstellung usw.).
Im besten Fall können einzelne Teilnehmer sich an gut die Hälfte der Gruppe erinnern. Dieses kurze Beispiel zeigt immer sehr anschaulich, dass es erstens nicht einfach ist, bei einer kurzen Begegnung einen bleibenden Eindruck zu hinterlassen, und zweitens, dass es immer ganz verschiedene Aspekte sind, die uns bei einem Menschen in Erinnerung bleiben. Am einfachsten ist es, wenn es persönliche Anknüpfungspunkte gibt (man wohnt in derselben Stadt, man studierte dasselbe Fach, hat das gleiche Hobby usw.). Solche persönlichen Brücken sind ein hervorragendes Mittel, um bei einem anderen Menschen in Erinnerung zu bleiben und Empathie zu erzeugen, und bilden eine gute Basis für Ihre Marke.

Neben diesen persönlichen Brücken gibt es drei weitere Elemente, die gut geeignet sind, uns interessant zu machen und bei unserem Gesprächspartner in Erinnerung zu bleiben: aussagekräftige Bilder, übertragene oder entlehnte Kompetenzen und Außergewöhnliches. Da wir uns Bilder viel besser merken können als Worte, ist es ratsam, sich mit Bildern vorzustellen. Am einfachsten ist es, wenn Sie Bilder zur Beschreibung Ihres Namens verwenden – Sie werden sehen, dass sich viel mehr Menschen an Ihren Namen erinnern können. Dazu können Sie Ihren Namen auch in verschiedene Bilder zerlegen, z. B. wie eine Bekannte, die sich mit „hart wie Stein und weich wie Wachs – Steinwachs" vorstellt. Sehr eindrucksvoll ist es auch, wenn Sie Ihre berufliche Tätigkeit mit Bildern beschreiben können. So könnte ein Softwareingenieur z. B. seine Tätigkeit damit beschreiben, dass er dafür sorgt, dass die vielen verschiedenen Softwares der vielen unterschiedlichen Komponenten eines Autos sich untereinander verstehen und gemeinsam auch genau das tun, was sie tun sollen. Bei der Methode Kompetenzübertragung machen wir uns durch das Können von Lehrern, Chefs, Vätern, Ehefrauen usw. interessant. So betont z. B. Nikolaus von Ratibor, Betreiber eines großen Hundehotels in der Nähe von Stuttgart, dass er Sohn eines Tierarztes ist. Damit erhält er automatisch noch mehr Kompetenz im Umgang mit Tieren. Ein weiteres Beispiel sind Musiker, die sagen, bei welchen Meistern sie gelernt haben.

Menschen, die etwas Außergewöhnliches auszeichnet, werden dadurch ebenfalls in Erinnerung bleiben. Ich erinnere mich gut an eine erfolgreiche Berliner Ärztin, die nicht nur wissenschaftlich erfolgreich ist, sondern auch noch zwei Kinder hat, und deren Mann als Pilot mindestens das halbe Jahr unterwegs ist. Wenn wir solche persönlichen Dinge im beruflichen Umfeld preisgeben, dann sollten wir immer versuchen, eine Brücke zum Beruf zu schlagen, etwa: „Ich schaffe das trotz der persönlichen Herausforderungen." Häufig bleibt nur die persönliche Herausforderung haften und nicht die tollen beruflichen Erfolge – ich rate daher zu einem vorsichtigen Einsatz von solchen außergewöhnlichen persönlichen Dingen im beruflichen Umfeld.

MACHEN SIE SICH INTERESSANT

1. Überlegen Sie sich mindestens zwei aussagekräftige Bilder zu Ihrer Person (zum Namen, Beruf usw.). Testen Sie die Bilder abwechselnd bei Ihren nächsten Vorstellungen. Nehmen Sie das stärkere Bild in Ihr Vorstellungsrepertoire auf.

2. Erarbeiten Sie Ihre Aufzugsrede, d.h. die Kurzvorstellung Ihrer Person in ca. 30 Sekunden. Suchen Sie sich dafür eine realistische Situation aus, z.B. Vorstellung bei einer Tagung. Nutzen Sie dazu das in Frage 1 erarbeitete Bild. Testen und optimieren Sie Ihre Aufzugsrede, bis Sie damit positiv in Erinnerung bleiben.

2.2.1 KLEIDER MACHEN LEUTE

Bedeutung von Kleidung, Accessoires und Körpersprache

Nach dem ersten Eindruck, den Sie erwecken, wurden Sie bereits zu Beginn von Kapitel 2.2 gefragt. Ist Ihnen der Eindruck angenehm, den Sie mit Ihrem Auftreten machen? Und sind Sie mit den Rückschlüssen, die andere Menschen aufgrund dieses ersten Eindrucks über Sie ziehen, zufrieden?

Kleider machen Leute – für diese Binsenweisheit gibt es in der Literatur viele nette Geschichten, sei es der Hauptmann von Köpenick oder der Schneidergeselle Wenzel Strapinski in Gottfried Kellers bekanntem Roman *Kleider machen Leute*. Wir schließen ganz automatisch von äußeren Zeichen auf die Person. Anzug und Krawatte wirken einfach seriös. BCG hatte Anfang der 90er-Jahre die Regelung, dass die Kleidung im Büro „casual" sein durfte – bei Terminen beim Kunden waren natürlich alle perfekt gekleidet. Als dann im heißen Sommer ein Berater in weißen Shorts ins Büro kam (es gab damals keine Klimaanlage), entfachte dies eine heftige Diskussion, ob Shorts im Büro okay sind. Was denkt ein Kunde, wenn er zufällig im BCG-Büro einen Termin hat und ihm ein solcher Berater über den Weg läuft, z. B. im Aufzug? Ist es einem Kunden vermittelbar, dass ein hoch bezahlter Berater im Büro auch in Shorts gut arbeitet? Oder wird hier ein falscher Eindruck erweckt, wie z. B.: Die Jungs nehmen ihre Arbeit nicht ernst und kommen in Strandkleidung ins Büro. Die Befürworter hielten die Fahne der Freiheit hoch – Kreativität und Denken braucht keine Kleiderzwänge. Am Ende wurden jedoch die Shorts aus dem Büro verbannt – die Befürchtungen, einen schlechten Eindruck bei Kunden und potenziellen Geschäftspartner zu machen, waren zu groß und es gab eine Kleidungspolicy fürs Büro.

Noch eine zweite ungeschriebene Regel gab und gibt es bei BCG: Die Berater sind gleich gut gekleidet wie ihre Gesprächspartner, in der Regel Vorstände oder zumindest Führungskräfte. Es soll keine Diskrepanz durch nicht adäquate Kleidung entstehen. Natürlich variiert die Kleidung je nach Branche und Kunde. In der Konsumgüterbranche ist viel mehr Farbe erlaubt als im Bankenbereich: Hier dominieren immer noch Dunkelblau, Anthrazit und Schwarz. Undenkbar, dass wie bei der Schlusspräsentation vor dem europäischen Vorstand eines Konsumgüterproduzenten drei weibliche Beraterinnen unabgesprochen gleichzeitig im roten Kostüm erscheinen. Ein rotes Kostüm würde im Bankenbereich völlig falsche Signale aussenden, während es im Konsumgüterbereich, zumal wenn Rot gerade zu den Modefarben gehört, völlig in Ordnung ist.

Insbesondere wenn der erste Eindruck sehr wichtig ist, kommt der Kleidung eine hohe Bedeutung zu, z. B. bei Vorstellungsgesprächen. Ein unpassend gekleideter Bewerber hat kaum Chancen, eingestellt zu werden. Die unpassende Kleidung wird in aller Regel nicht als Ausdruck von Genialität oder starkem Selbstbewusstsein interpretiert, sondern schlichtweg als Geringschätzung des Gegenübers. Die Firma ist für den Bewerber nicht interessant, denn er gibt sich nicht einmal die Mühe, ordentlich gekleidet zum Vorstellungsgespräch zu kommen. Leider gibt es immer noch Menschen, die das nicht begriffen haben. Der extremste Fall, den ich erlebt habe, war ein Student, der sich völlig verschwitzt, ungeduscht und mit zwei Plastiktüten unterm Arm für einen Studentenjob vorstellen wollte – das Vorstellungsgespräch war in wenigen Minuten beendet. Im Zweifelsfall gilt die Regel: Lieber zu gut als zu schlecht gekleidet. Und es ist einfach, die Kleidung entsprechend der Situation anzupassen. Wenn ich nicht weiß, ob ein Anzug passend ist, dann ziehe ich einen Anzug an und im Zweifelsfall kann ich das Jackett ausziehen, die Ärmel hochkrempeln und ich habe mich entsprechend angepasst.

Männer haben es bezüglich der Kleidung einfacher als Frauen: Ein gut sitzender Anzug ist fast immer okay. Bei Frauen ist die Kleiderfrage etwas diffiziler, wobei heutzutage Hosenanzüge meist eine gute Entscheidung sind, mit der man bzw. frau nicht viel falsch machen kann. Wer Röcke trägt, sollte keine zu kurzen Röcke wählen. Ich kenne nur eine einzige Frau, die trotz sehr kurzer Röcke als hochprofessionell wahrgenommen wird. Normalerweise senden kurze Röcke Signale, die für die Diskothek passend, im beruflichen Umfeld aber weniger angebracht sind. Viele Frauen, die sich beschweren, dass sie von den Kollegen nicht ernst genommen werden, erreichen häufig mit einer Änderung der Garderobe auch eine Änderung in der Wahrnehmung seitens der Kollegen. Zu viel Dekolleté und zu kurze Röcke untergraben die Autorität und das fachliche Standing von Frauen und degradieren sie zu „Weibchen". Im Zweifel gilt auch hier: Lieber konservativ gekleidet, als nicht ernst genommen zu werden.

Accessoires haben eine nicht zu unterschätzende Bedeutung als Transporteure des Markenkerns. Insbesondere wenn die Anzüge alle grau sind, findet Differenzierung durch Accessoires statt. Das fängt mit einer schönen Uhr, der Krawatte und dem Schmuck an, geht mit der (Akten-)Tasche weiter und hört längst noch nicht bei den Schreibgeräten auf. Was denken Sie von Ihrem Gegenüber, wenn derjenige einen Billigkugelschreiber verwendet oder wenn er mit einem Montblanc-Füller schreibt? Die meisten Menschen schließen automatisch vom Montblanc-Füller, dass sein Besitzer gut situiert ist und über Geschmack verfügt. Der Billigkugelschreibernutzer mag pragmatisch und kostenbewusst sein. Häufig drücken Accessoires auch die Zugehörigkeit zu bestimmten Gruppen aus. Eine teure Uhr wird in der entsprechenden Gruppe auch als solche erkannt. Und es ist völlig egal, wenn andere Menschen das Besondere der Uhr nicht erkennen – denn diejenigen, auf die es ankommt, wissen das Accessoire richtig zu deuten. Natürlich gibt es auch Ausnahmen. Einige große Männer blieben z. B. ihrer alten Aktentasche treu, auch wenn diese durch intensive Beanspruchung ziemlich ramponiert ausschaute. Konrad Adenauers Aktentasche ist so ein Beispiel und kann inzwischen im Museum besichtigt werden. In Kapitel 2.2.4 werden wir uns detaillierter damit beschäftigen, wie inkonsistente Signale aufgefasst werden. Ein einzelner Ausreißer wie eine alte Aktentasche ist bei einer gestandenen Persönlichkeit dann beispielsweise ein Indiz für einen Menschen, für den auch nicht materielle Werte eine hohe Bedeutung haben – im Fall Adenauers war die Aktentasche ein Geschenk eines Sattlers.

Neben den Äußerlichkeiten Kleidung und Accessoires spielt die Körpersprache eine zentrale Rolle als Transporteur unseres Ich. Samy Molcho, international erfolgreicher Pantomime und langjähriger Leiter der bekannten Wiener Schauspielschule des Max Reinhardt Seminars, schreibt zu diesem Thema: „Körpersprache ist der Ausdruck unserer Wünsche, unserer Gefühle, unseres Wollens, unseres Handelns. Sie verkörpert unser Ich. … Körpersprache ist ein fließendes Element, das sich verändert, in jeder Begegnung neue Formen annimmt … und das doch unverändert bleibt." Das heißt, unsere Körpersprache ist einerseits durch zahlreiche bleibende Elemente geprägt (z. B. unsere Art zu gehen, unsere Haltung) und andererseits durch Anpassung bzw. Reaktion auf aktuelle Situationen.

Häufig erkennen wir z. B. Menschen schon am Schritt, ohne sie zu sehen. Mit der Körpersprache ist es wie mit der „normalen" Sprache: Ein einzelnes Wort, ein einzelnes Signal sendet nur selten eine eindeutige Botschaft. Wie das Wort erst durch die Verbindung mit anderen Wörtern in einem Satz einen konkreten Sinn bekommt, so transportiert erst die Summe der verschiedenen körpersprachlichen Signale eine Botschaft. Die Botschaft kann dabei eindeutig, mehrdeutig oder widersprüchlich sein.

Die Körpersprache, die auch als nonverbale Kommunikation bezeichnet wird, kann in fünf unterschiedliche Dimensionen aufgeteilt werden, die in Abbildung 7 zu sehen sind. Die Haltung eines Menschen ist ein Schlüsselindikator (neben dem Gesichtsausdruck) für das Befinden. Wenn wir einen Menschen gut kennen, dann sehen wir schon an seiner Haltung und seinem Gesichtsausdruck, wie es ihm geht. Durch die Körperhaltung wird verraten, ob jemand aufmerksam ist und den Dingen folgt. Auch Empathie drückt sich in der Haltung aus. Die Haltung zeigt den relativen Status zu den Beteiligten. Wer mit stabilem Stand groß in der Mitte einer Gruppe steht, erscheint wichtiger als die unscheinbare Person am Rand. In der asiatischen Kultur drückt sich in der Tiefe der Verbeugung bereits der Rang aus: Der jeweils Rangniedere verbeugt sich tiefer. Bezüglich der Haltung gibt es zwei Regeln, die jeder Mensch, der nicht als Mauerblümchen enden möchte, beherzigen sollte: Erstens sollte sich jeder um eine aufrechte Haltung bemühen. Nach vorn gezogene Schultern, hängender Kopf usw. senden negative Signale (Traurigkeit, in sich gekehrt, keine Kraft) aus. Und zweitens: Nutzen Sie Ihre maximale Länge, denn große Menschen werden besser gesehen bzw. weniger übersehen. Frauen haben hier die Möglichkeit, durch hohe Schuhabsätze zusätzlich ein paar Zentimeter zu wachsen.

Achten Sie aber darauf, dass Sie in hohen Schuhen gut und sicher stehen und gehen können. Ansonsten verzichten Sie lieber auf ein wenig Länge, denn ein stabiler Stand ist wichtiger. Samy Molcho benennt drei wichtige körpersprachliche Signale, die eine positive Wirkung erzeugen. Bodenkontakt, Ausgewogenheit von Nähe und Distanz und offene fließende Bewegungen.

In der Betrachtung des Erscheinungsbildes und unserer Haltung darf als zentrales Element der Körper an sich nicht vergessen werden. Vieles haben wir von der Natur bzw. unseren Eltern vererbt bekommen. Ob wir groß oder klein sind, die Haarfarbe, unser Aussehen usw. Manche Dinge wie die Haarfarbe lassen sich einfach ändern, andere Dinge nicht (oder nur sehr schwer). Mit der Beherzigung von ein paar Grundregeln ist es fast jedem Menschen möglich, einen guten Auftritt hinzubekommen. Dazu gehört neben der üblichen Körperpflege (Vermeidung von unangenehmen Körpergerüchen, regelmäßiger Gang zum Friseur, gepflegte Hände und Fingernägel) auch der (mäßige) Einsatz von Parfum bzw. Aftershave. Und achten Sie darauf, dass Ihre Kleidung passt, und zwar sowohl zu Ihrem Körper als auch zu Ihrer Ich-Marke, als auch zur Situation.

Abb. 7
Dimensionen der Körpersprache

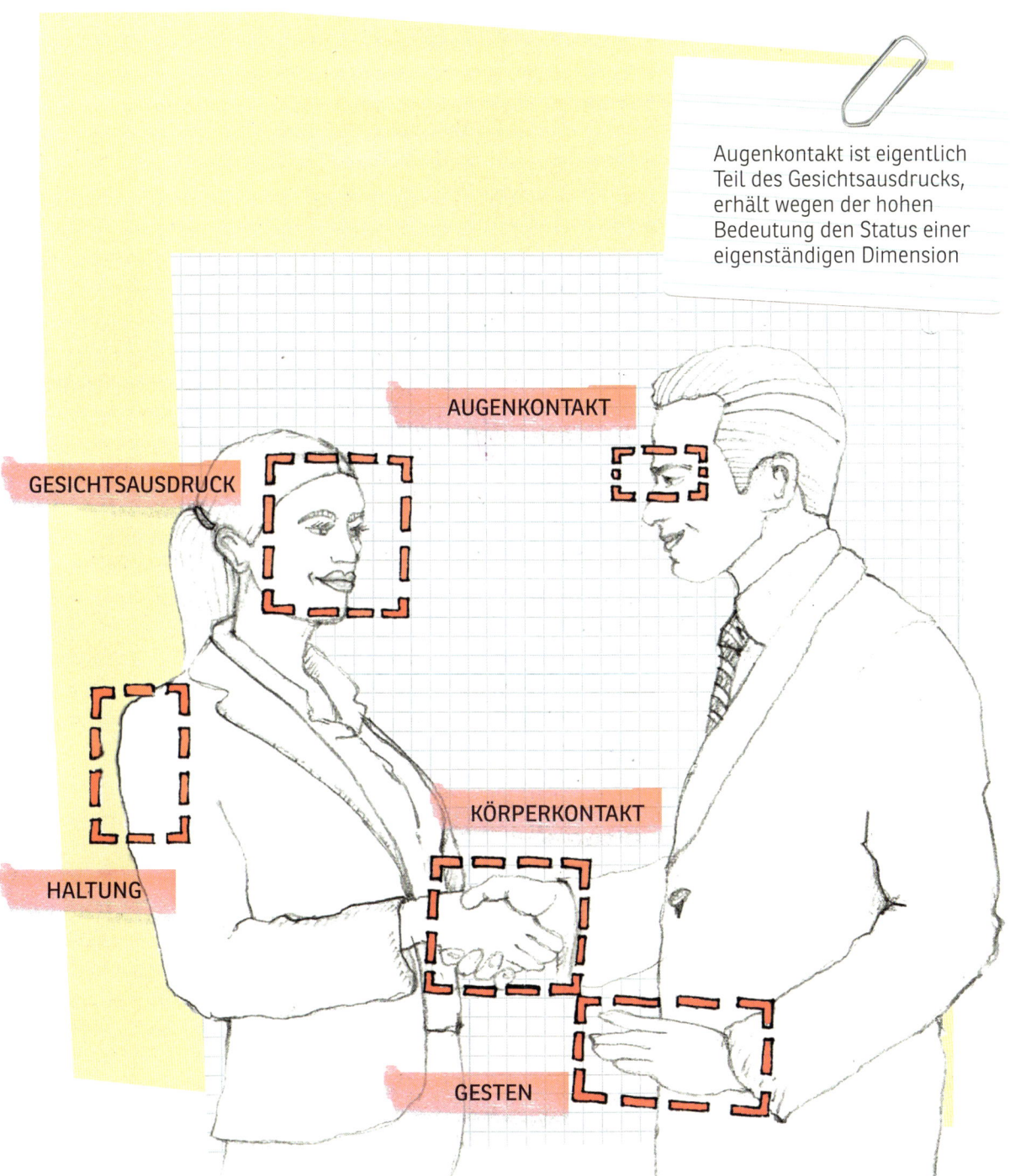

Augenkontakt ist eigentlich
Teil des Gesichtsausdrucks,
erhält wegen der hohen
Bedeutung den Status einer
eigenständigen Dimension

AUGENKONTAKT

GESICHTSAUSDRUCK

HALTUNG

KÖRPERKONTAKT

GESTEN

Bei Gesten werden zwei Typen unterschieden: einerseits autonome und andererseits inhaltsbezogene Gesten. Autonome Gesten sprechen für sich und sind auch ohne Worte verständlich. Ein Beispiel dafür ist das V als Victory-Zeichen. Jeder hat Herrn Ackermann im Gerichtssaal verstanden, als er dieses Zeichen machte, jede weitere Erklärung war überflüssig. Der zweite Typ sind die inhaltsbezogenen Gesten, die direkt mit dem gesprochenen Wort korrespondieren, z. B. wenn jemand von einer großen Sache erzählt und dabei eine große ausholende Geste macht. Oder etwas ist winzig und wir unterstreichen diese Aussage dadurch, dass wir Daumen und Zeigefinger mit einem minimalen Spalt dazwischen als passende Geste einsetzen. Oder der donnernde Faustschlag auf den Tisch unterstreicht das Basta oder auch die Wut, die ich gerade geäußert habe. Gesten sind ein hervorragendes Mittel, um unsere Kommunikation zu verstärken. Wichtig ist allerdings, dass die Gesten passend zum verbal kommunizierten Inhalt eingesetzt werden. Im Zweifelsfall gilt in der deutschen Kultur: Lieber zu wenige Gesten machen als durch zu viele Gesten vom Inhalt ablenken. Die übliche Gestik unterscheidet sich stark zwischen verschiedenen Ländern. Während uns in Deutschland die Gestik eher aberzogen wird („halte deine Hände beim Sprechen ruhig") wird in südlichen Ländern deutlich mehr und stärker gestikuliert.

Körperkontakt entsteht im professionellen Umfeld in der Regel nur bei der Begrüßung und Verabschiedung. Im deutschsprachigen Raum sieht eine optimale Begrüßung folgendermaßen aus: Man steht sich gegenüber, etwa mit einer Armlänge Distanz, schaut sich in die Augen und begrüßt sich mit einem kräftigen Händedruck. Begleitet von netten Worten lässt sich so eine gute Atmosphäre schaffen. Ein schlaffer Händedruck oder fehlender Augenkontakt irritiert – will dieser Mensch mich nicht begrüßen, will er gar nicht hier sein? Ein zu fester Händedruck ist unangenehm, da er mich zu sehr vereinnahmt oder mir gar wehtut. Kommen wir näher an einen Menschen heran, dann wirkt das eindringlich und verletzt die Privatsphäre.

An dem Beispiel der Begrüßung zeigt sich auch, dass körpersprachliche Muster im jeweiligen kulturellen Kontext interpretiert werden müssen. So ist es z. B. in romanischen Ländern üblich, sich mit einem bzw. mehreren Wangenküssen zu begrüßen. Dabei kommt man sich deutlich näher. Der Wangenkuss hat sich übrigens in absolutistischer Zeit aus dem Vorrecht, dem französischen König etwas ins Ohr flüstern zu dürfen, entwickelt. In angelsächsischen Ländern wird ein deutlich größerer Abstand als in Deutschland eingehalten und die Menschen stehen sich auch nicht direkt gegenüber (wird als konfrontativ empfunden), sondern man steht in einem Winkel Schulter an Schulter. Gängig ist unter Männern auch das Auf-die-Schulter-Klopfen als ein Signal für „gut gemacht, Kumpel". Allerdings kommt in einem solchen Signal immer auch die Dominanz des Schulterklopfenden zum Ausdruck.

Zur Dimension Körperkontakt gehören auch alle selbstzentrierten Aktionen wie kratzen, Lippen abschlecken, Haare hinter die Ohren stecken, Sakko zuknöpfen, sich irgendwo festhalten usw. Ein solches Verhalten wird fast immer als Ausdruck von Nervosität interpretiert. Eine gute Regel ist: Spätestens wenn ich im Rampenlicht stehe, z. B. einen Vortrag halte oder mich mit einem Statement melde, ist sämtliches „Putz- und Fegeverhalten" abgeschlossen. Es wirkt einfach unprofessionell, wenn auf dem Weg nach vorne noch schnell das Jackett zugeknöpft wird. Es wirkt, als wäre ich auf diesen Auftritt nicht vorbereitet gewesen. Jeder Auftritt, jede Wortmeldung ist wie ein Bühnenauftritt: Sie haben die absolute Aufmerksamkeit. Nutzen Sie diese von Beginn an! Vergeuden Sie nicht Ihre Zeit und die Zeit Ihrer Zuhörer mit irgendwelchen langweiligen Vorbereitungsaktionen. Vielleicht hatten Sie schon mal die Möglichkeit kurz vor der Vorstellung hinter die Bühne eines großen Theaters blicken zu dürfen. Sämtliche Requisiten (das Glas Wasser, der Blumenstrauß, die Wechselgarderobe, der angeschnittene Pfirsich samt Messer auf dem Teller usw.) liegen schon eine Stunde vor Vorstellungsbeginn an fest definierten (und teilweise markierten)

Stellen bereit. Verhalten Sie sich wie ein Profi: Sobald Sie im Rampenlicht stehen bzw. mit einem Redebeitrag beginnen, sind alle Vorbereitungen eingestellt – ganz egal, ob sie wirklich schon beendet sind. Nun zählt nur noch Ihr Auftritt, das, was und wie Sie es sagen.

Das Gesicht ist ein Spiegel unseres Ichs: Überraschung, Glück, Furcht, Ablehnung – all das zeigt sich in unserem Gesichtsausdruck. Ein freundliches Gesicht schafft eine freundliche Atmosphäre und ein freundlicher Mensch gewinnt viel schneller die Sympathien. Daher ist es ratsam, sich einen freundlichen Gesichtsausdruck zuzulegen und lächelnd durch die Welt zu marschieren. Angela Merkel ist dafür ein gutes Beispiel: Ganz abgesehen davon, dass sie sich systematisch vor der Bundestagswahl 2005, bei der sie das erste Mal als Kanzlerkandidatin antrat und Kanzlerin wurde, eine neue Frisur zulegte, versucht sie auch, freundlicher zu blicken. Ihre heruntergezogenen Mundwinkel waren immer seltener bei ihr zu beobachten. Kein Wunder, denn heruntergezogene Mundwinkel stehen für Traurigkeit, Pessimismus, Schmollen. Und ein Kanzler soll und muss ja optimistisch, dynamisch, freundlich und sympathisch sein. Bei Frau Merkel kann man aber auch sehen, wie schwer es ist, seinen Gesichtsausdruck zu kontrollieren oder gar zu verändern. Immer wieder erwischten die Kameras eine „sauertöpfisch" dreinschauende Angela Merkel mit heruntergezogenen Mundwinkeln. Der Gesichtsausdruck kann auch aktiv zur Unterstützung der Kommunikation genutzt werden, sozusagen als regulative Geste. Beispielsweise relativiert ein zwinkerndes Auge das eben Gesagte und stuft es als nicht ganz ernst gemeint ein.

Eine ganz wichtige Dimension bei jeder persönlichen Kommunikation ist der Augenkontakt. Was fühlen Sie, wenn jemand, der mit Ihnen spricht, permanent wegschaut? Sie sind zumindest irritiert. Sehr wahrscheinlich haben Sie den Eindruck, dass derjenige Sie entweder anlügt, es ihm peinlich ist, Ihnen diese Botschaft zu überbringen, oder er zumindest nicht hinter dem Gesagten steht. Eine solche Kommunikation ist auch deshalb sehr unangenehm, weil wir durch fehlenden Augen- und damit Gesichtskontakt wenige Rückschlüsse auf die emotionale Situation des Gesprächspartners ziehen können. Wenn Eltern ihre Kinder zur Rede stellen, verlangen sie häufig: „Schau mich an!" Kein Wunder, denn die Augen verraten sehr viel. Die hohe Bedeutung der Augen kommt aus ihrer Leitfunktion: In aller Regel bewegt sich der Körper in Blickrichtung, d. h., folgt den Augen. Wenn also jemand während eines Gespräches permanent woanders hinschaut, entsteht in uns die Erwartung, dass derjenige bereits dabei ist, sich von uns körperlich wegzubewegen, und unsere Schlussfolgerung ist, dass er dem Gespräch keine hohe Bedeutung beimisst.

Augenkontakt ist nicht nur wichtig, um ein positives Gesprächsklima zu schaffen, sondern auch, um die Reaktionen der Zuhörer zu erfahren. Je schneller wir merken, dass Unruhe entsteht, desto schneller können wir handeln und die Zuhörer wieder alle abholen. Manche Referenten schauen das Publikum nicht an, weil sie sich irritiert fühlen. Sie merken, hier stimmt etwas nicht. Aber anstelle zu klären, was hier nicht stimmt, wählen sie eine Vogel-Strauß-Strategie und ziehen ohne Augenkontakt mit dem Publikum ihren Vortrag durch. Selbstredend, dass sie damit den Kontakt mit dem Publikum verloren haben und der Vortrag nur in den seltensten Fällen gut ist. In Kapitel 3.3 werden wir besprechen, wie Sie souverän in solchen Situationen reagieren können.

Die folgende „OLALA"-Formel fasst die wichtigsten Aspekte für einen guten Auftritt zusammen und hilft Ihnen hoffentlich zukünftig, einen positiven nachhaltigen Eindruck bei Ihren Auftritten zu erreichen.

O Ordentliche Erscheinung: angemessene Kleidung, gepflegtes Äußeres, kein Putz- und Fegeverhalten.

L Lächeln: Schauen Sie freundlich und lächeln Sie, wenn angebracht.

A Aufrechte Haltung mit stabiler Erdung: Stehen Sie mit beiden Füßen auf dem Boden.

L Lebendig: Wirken Sie lebendig: begrüßen Sie Menschen, wenn Sie sie treffen, nutzen Sie Gesten, bewegen Sie sich und atmen Sie ruhig und regelmäßig.

A Augenkontakt: Halten Sie Augenkontakt – und bewegen Sie Ihren Kopf mit den Augen.

SELBSTÜBUNG
ANWENDUNG VON OLALA

Überlegen Sie, ob und wo Sie heute die OLALA-Formel bereits anwenden. Suchen Sie sich einen Aspekt aus der OLALA-Formel aus und versuchen Sie, diesen systematisch in den nächsten zehn Tagen umzusetzen – was verändert sich? Danach können Sie sich einen zweiten Aspekt aussuchen usw.

2.2.2 AN DER SPRACHE WERDET IHR SIE ERKENNEN

Sprache und Stimme transportieren unsere Markenbotschaft

Wenn Sie mit jemandem telefonieren, den Sie noch nicht persönlich kennen – stellen Sie sich diesen Menschen bildlich vor? Und wenn ja, durch welche Elemente wird Ihnen ein Mensch sympathisch und durch welche unsympathisch?

Unsere Sprache und Stimme sind ganz wesentliche Transporteure unseres Ich. Die Stimme verrät viel über einen Menschen. Eine leise Stimme lässt uns auf einen schüchternen Menschen schließen, dem es unangenehm ist, mit uns zu reden, und/oder der nicht hinter dem Gesagten steht. Eine kräftige Stimme lässt auf einen Menschen schließen, der klar weiß, was er will. Die Stimmhöhe ist neben der Lautstärke ein zweiter Aspekt, mit dessen Hilfe wir auf die Durchsetzungskraft von Menschen schließen. Eine hohe piepsige Stimme – dahinter wird dann eher ein kleines Mädchen vermutet. Eine kräftige dunkle Stimme wirkt viel kompetenter.

Die Möglichkeiten, sich seine guten Botschaften durch schlechtes Sprechen kaputt zu machen, sind zahlreich: zu leise, zu schnell, zu monoton, undeutliche Aussprache usw. Wenn ich etwas zu sagen habe, dann muss ich auch sicherstellen, dass der andere mich versteht! Wählen Sie die Sprechgeschwindigkeit so, dass der andere folgen kann. Schnelles Sprechen ist kein Zeichen von Dynamik, sondern erweckt den Eindruck, dass Sie die Sache schnell hinter sich bringen wollen und Ihnen das Ganze eher unangenehm ist. Nutzen Sie Satzmelodien, um ihre Botschaft zu strukturieren, und machen Sie es Ihren Zuhörern leicht, Ihnen zu folgen. Außerdem wirken Sie dann auch nicht einschläfernd wie die vielen monotonen Redner, denen jegliche Dynamik fehlt. Und schließlich: Sprechen Sie laut und deutlich, d. h., artikulieren Sie exakt. Sie müssen immer sicherstellen, dass jeder Sie verstehen kann. Wenn Sie in einem großen Raum mit z. B. 100 Zuhörern einen Vortrag halten und das Mikrofon fällt aus, dann stellen Sie trotzdem sicher, dass jeder Sie versteht.

Und wie sieht eine souveräne Reaktion in einem solchen Fall aus? Wenn die Technik nicht ganz schnell wieder funktioniert, langweilen Sie Ihre Zuhörer nicht durch eine technisch erzwungene Pause. Vielmehr nutzen Sie die Chance, sich als flexible und souveräne Persönlichkeit zu erweisen. Zuerst sorgen Sie dafür, dass Ruhe eintritt, z. B. durch Nutzung des bekannten Signals, mit einem Löffel auf ein Glas zu klopfen (ein Metallkugelschreiber funktioniert anstelle des Löffels auch). Dann schildern Sie kurz die Situation und schaffen ein Wir-Gefühl, indem Sie Ihren Zuhörern anbieten, dass Sie nun gemeinsam die Situation meistern und nicht darauf warten, dass das Mikrofon wieder funktioniert, sondern die Zeit nutzen wollen. Bieten Sie an, dass Sie laut sprechen und die Zuhörer sich im Gegenzug bemühen, leise zu sein. Und dann nutzen Sie das Volumen Ihrer Lunge und die Bauchatmung und sprechen laut zu Ihrem Publikum. Fragen Sie zumindest zu Beginn nach, ob Sie auch hinten verstanden werden. Ihre Zuhörer werden Ihnen diesen Einsatz und diese hohe Rücksichtnahme mit großem Applaus und viel wohlwollendem Zuhören danken.

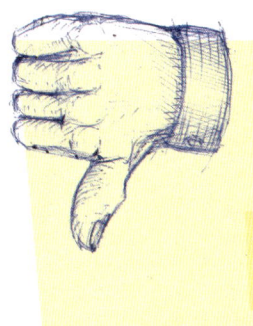

Abb. 8
So formulieren
Sie positiv

ANSTELLE VON ...	VERWENDEN SIE LIEBER ...
KRISE	CHANCE
PROBLEM	HERAUSFORDERUNG
DAS WAR GLÜCK	DAS IST MIR GELUNGEN
ES GEHT NICHT ...	ES IST NICHT EINFACH, ABER ...
SIE SOLLTEN MAL ...	ICH WÜNSCHE MIR VON IHNEN ...

Neben der Stimme ist die Sprache, also die Art und Weise, wie wir formulieren und welche Wörter wir benutzen, von entscheidender Bedeutung. Nutzen Sie eine Sprache, die Ihr Gegenüber versteht! Dazu gehört, möglichst wenig Fremdwörter zu verwenden. Wenn Sie Dialekt sprechen, stellen Sie sicher, dass Ihr Gegenüber Sie versteht. Generell empfiehlt es sich, im Arbeitsalltag Hochdeutsch zu sprechen, allerdings nur dann, wenn Sie fließend Hochdeutsch reden können. Ich selbst stamme aus Oberschwaben und habe zu Beginn meines Studiums heftig geschwäbelt. Ich musste mich sehr anstrengen, damit meine Kommilitonen aus anderen Regionen Deutschlands mich verstehen konnten. Als ich im Rahmen eines Praktikums ein Interview in Bremerhaven führte und mich leidlich um gutes Hochdeutsch bemühte, erntete ich doch glatt das vermeintliche Lob, ich würde schon sehr gut Deutsch sprechen, dabei ist Deutsch doch eigentlich meine Muttersprache! Ich war in dem Moment etwas beschämt, dass mein Hochdeutsch noch so holperig war, doch die Übung hat genutzt und heute wechsle ich ohne große Überlegung zwischen Hochdeutsch und Schwäbisch. Bevor Sie also sozusagen radebrechend Hochdeutsch sprechen, behalten Sie lieber Ihre Dialekteinfärbung! Es gibt genügend Beispiele dafür, dass Dialekt sprechende Menschen sehr erfolgreich waren und sind: beispielsweise Helmut Kohl.

Bei den Wörtern gibt es zwei Sorten, bei denen große Vorsicht angebracht ist: die „Weichspüler" und die „Aggressoren". Weichspüler sind Wörter und Floskeln, die eine Botschaft herabsetzen und sie abschwächen. Dazu zählen erstens Wörter wie „eigentlich", „vielleicht", „ein bisschen", „ich glaube", „eventuell" usw., zweitens die Verniedlichungsformen mit „-chen" oder „-lein" am Ende (Problemchen, Kindchen usw.), drittens rhetorische Fragen wie z. B. „oder nicht" am Ende eines Satzes und viertens die Verwendung des Konjunktivs, z. B. „ich möchte sagen", „ich würde vorschlagen" usw. Sagen Sie es, schla-

gen Sie es vor! Wenn Ihnen etwas wichtig ist, dann vermeiden Sie solche relativierenden oder neutralisierenden Wörter und Floskeln! Hören Sie mal bei Vorträgen genau hin: Es ist frappierend, wie oft wir solche Weichspüler verwenden.

Aggressive Wörter sind beispielsweise „aber", „dagegen", „sondern", „dennoch", „nein", „da bin ich nicht Ihrer Meinung" usw. Mit dem Einsatz dieser Wörter sollten Sie vor allem bei kontroversen Diskussionen vorsichtig sein. Solche Wörter lösen beim Gegenüber in einem Gespräch häufig eine Art „Habtachtstellung" aus und der Gesprächspartner fängt sofort an, sich zu überlegen, wie er unser „aber" kontern kann, und hört uns nicht mehr zu. Gerade in kontroversen Diskussionen ist es daher wichtig, auf solche Aggressoren zu verzichten, damit die Diskussion sachlich und konstruktiv geführt werden kann. Versuchen Sie, in der nächsten „hitzigen" Diskussion das Wörtchen „aber" durch „und" zu ersetzen. Das ist zwar logisch nicht richtig, hört sich dennoch besser an. Ein Beispiel: Sagen Sie anstelle von „Ich sehe Ihre Bedenken, aber ich bin der Meinung" einfach „Ich sehe Ihre Bedenken und ich bin der Meinung …" Sie sagen inhaltlich dasselbe, aber es wirkt anders.

Neben den verwendeten Wörtern spielt auch die Art und Weise der Formulierung eine wichtige Rolle für unsere Wirkung und Überzeugungskraft auf andere. Dabei sind drei Aspekte zu unterscheiden, und zwar die Formulierung, die Ansprache des Gesprächspartners und die Eigenpositionierung. Wir alle hören lieber positive als schlechte Botschaften, d. h., es ist besser, das Glas als halb voll anstatt als halb leer zu beschreiben. Bemühen Sie sich also, Ihre Botschaft positiv zu formulieren. Wer nur weiß, was er nicht will, wird als destruktiv empfunden, wer dagegen weiß, was er will, als konstruktiv und zielorientiert. Abbildung 8 zeigt einige Möglichkeiten, Dinge positiv zu formulieren.

Wir alle wollen als Menschen ernst genommen werden, also sollten wir auch unseren Gesprächspartner ernst nehmen. Dazu gehört neben Pünktlichkeit usw. auch eine richtige Ansprache. Es ist schlichtweg eine Geringschätzung der Zuhörer, wenn ein Vortragender nach 15 Minuten Einführung meint, er käme nun zum wichtigen Teil – welche Arroganz wird hier an den Tag gelegt, die Zuhörer 15 Minuten mit unwichtigen Dingen zu langweilen! Ein anderes Beispiel: Small Talk ist wichtig und gut für einen guten Gesprächseinstieg, aber nach spätestens fünf Minuten sollte das eigentliche Gespräch losgehen. Wir sind alle viel zu beschäftigt, um zu viel Zeit für solche Dinge zu verschwenden. Zeigen Sie Ihren Zuhörern oder Ihrem Gesprächspartner, dass Sie sie bzw. ihn schätzen – und diese Haltung wird automatisch auf Sie zurückstrahlen.

Schließlich ist Ihre Eigenpositionierung wichtig: Manche Menschen haben es sich angewöhnt, ihre Beiträge mit klein machenden Floskeln zu starten, z. B.: „Ich habe ja noch nicht so viel Ahnung, aber …", „Ich weiß nicht, ob das wichtig ist", „Wenn ich vielleicht auch noch etwas sagen dürfte, ich bin ja nur für 10 % der Kunden zuständig, aber hier …" usw. Warum sollten wir jemanden nach einer solchen Einleitung zuhören? Er oder sie hat ja wohl nicht viel Ahnung. Wenn Sie etwas zu sagen haben, machen Sie weder sich noch Ihren Inhalt klein! Auch wenn Sie „nur" 2 % der Kunden betreuen, so sind das doch 2 % des Umsatzes, für den Sie mitverantwortlich sind, und das ist alles andere als unbedeutend oder wenig!

Abbildung 9 fasst abschließend die wichtigsten Grundregeln für einen überzeugenden Einsatz von Sprache und Stimme zusammen.

Abb. 9:
So bringen Sie
Ihre Botschaft an

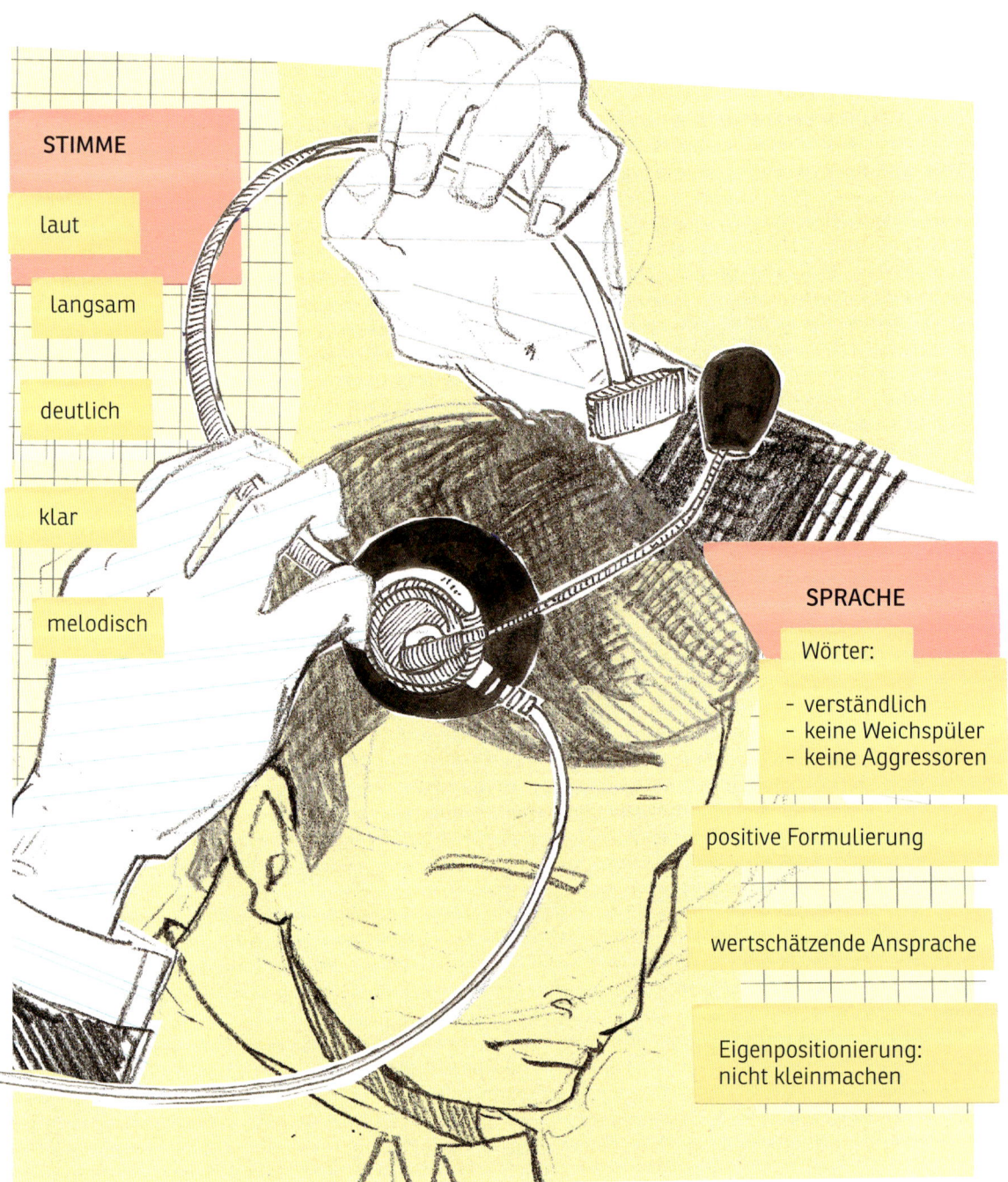

STIMME

laut

langsam

deutlich

klar

melodisch

SPRACHE

Wörter:

- verständlich
- keine Weichspüler
- keine Aggressoren

positive Formulierung

wertschätzende Ansprache

Eigenpositionierung:
nicht kleinmachen

SELBSTÜBUNG
SPRACHE

Achten Sie beim nächsten Vortrag oder in der nächsten Gesprächsrunde darauf, wie häufig Weichspüler eingesetzt werden.

Versuchen Sie selbst systematisch, solche Wörter weniger zu benutzen. Bitten Sie dazu einen Kollegen, Ihnen zu helfen, indem er Ihnen nach einem Vortrag oder einer Gesprächsrunde Feedback über Ihren Einsatz von Weichspülern gibt. Sie werden höchstwahrscheinlich erstaunt sein, wie oft Sie solche Wörter verwenden.

Wenn Sie die Vermeidung von Weichspülern verinnerlicht haben, dann greifen Sie einen weiteren Aspekt für einen überzeugenden Einsatz von Sprache und Stimme auf.

2.2.3 AUF DIE MINUTE

Unser Verhalten verrät sehr viel über uns

Welche Charaktereigenschaften schreibt Ihr Umfeld Ihnen zu? Welche Werte sind Ihnen persönlich wichtig?

Das Verhalten, also die gelebten Überzeugungen und Werte eines Menschen, sind zentrale Puzzleteile, die das Bild eines Menschen prägen, vor allem in andauernden Beziehungen, z. B. unter Kollegen. Gesellschaftliches Zusammenleben ist darauf angewiesen, dass von allen bestimmte Regeln akzeptiert und eingehalten werden. Ein historisches Beispiel sind die Zehn Gebote, die in den Geboten vier bis zehn das Zusammenleben der Menschen regeln (die Gebote eins bis drei betreffen die Beziehung des Volkes Israel zu Jahwe, ihrem Gott). Die Aufklärung entwickelte für das rationale Wesen Mensch den Gesellschaftsvertrag als Voraussetzung für ein gutes Miteinander. Ohne Regeln ist ein Zusammenleben schwierig – wir reden von Anarchie. Basis solcher Regeln sind Werte, die von den Menschen geteilt werden bzw. die die Vernunft gebietet einzuhalten. Beispiele für solche Regeln sind das Verbot zu töten, zu stehlen, zu betrügen usw. Je nach Tragweite führt eine Verletzung dieser allgemein verbindlichen Regeln zu unterschiedlichen Sanktionen. Ein Teil der Regeln ist in Gesetze gefasst worden und ihre Einhaltung wird vom Staat in Form von Polizei und Justiz überwacht. Dabei unterscheiden wir Strafrecht und Zivilrecht. Das Strafrecht bestraft ein Verhalten, das die Gesellschaft insgesamt schädigt, z. B. Mord, Steuerhinterziehung oder Körperverletzung. Das Zivilrecht regelt das Zusammenleben untereinander, z. B. viele vertragliche Beziehungen wie Mietverhältnisse, Kaufverträge oder die Ehe.

Neben den gesetzlichen Grundlagen haben sich weitere sinnvolle Normen für das Zusammenleben entwickelt. Diese Regeln, z. B. Pünktlichkeit, sind in keinem Gesetzbuch festgehalten und dennoch halten sich die meisten Menschen daran. Die Einhaltung dieser (häufig regional unterschiedlichen) Regeln wird als Anstand oder Manieren bezeichnet und ist anerzogen. In Deutschland gehört in diese Kategorie z. B. Pünktlichkeit, die Begrüßung per Handschlag oder das Aufstehen zur Begrüßung. Die Regeln sind teilweise nicht nur regional unterschiedlich, sondern können auch für eine bestimmte Gruppe spezifisch sein. Und die Zugehörigkeit zu dieser Gruppe drückt sich dann durch die Einhaltung dieser spezifischen Regeln aus.

Das Begrüßungsritual ist ein schönes Beispiel für die lokale Unterschiedlichkeit solcher Regeln. In Deutschland ist der Handschlag zur Begrüßung üblich, in vielen anderen europäischen Ländern wie Frankreich, Spanien oder Italien der Wangenkuss. Während in den Niederlanden ein dreifacher Wangenkuss üblich ist, reichen z. B. in Spanien zwei Wangenküsse. Ein weiteres gutes Beispiel für kulturelle Unterschiede ist der Augenkontakt. In der westlichen Welt wird erwartet, dass man sich bei einem Gespräch anschaut. In der islamischen Welt gilt es als unsittlich, wenn eine Frau einen Mann anschaut. Mit Menschen, die sich an solche etablierten Regeln halten, ist es in der Regel einfacher zusammenzuarbeiten. Manche Firmen testen inzwischen Bewerber sogar auf Tischmanieren, z. B. ganz unauffällig bei einem gemeinsam eingenommenen Mittagessen.

Neben diesen allgemeingültigen Regeln (Anstandsregeln) gibt es eine Fülle von weiteren individuellen Verhaltensnormen, die von einzelnen Menschen oder Firmen gelebt und von Ihrer Umwelt eingefordert werden. So gilt z. B. bei Procter & Gamble die Regel, dass wichtige Informationen auf einer Seite zusammengefasst werden müssen. Ein anderer Chef legt Wert darauf, dass die abgefassten Dokumente ohne Rechtschreibfehler sind. Bei der Robert Bosch Stiftung gilt die Regel, immer mindestens fünf Minuten vor dem vereinbarten Termin da zu sein. Diese individuellen Normen sind ein Ergebnis unserer individuellen Werte und unserer Erziehung.

Normen sind aus historisch relevanten Werten abgeleitete Leitplanken, innerhalb derer sich die Menschen mit ihren Werten bewegen. Die von einem Menschen verinnerlichten Werte und Normen bezeichnen wir auch als Gewissen. Es ist ein Kompass, der dem Menschen hilft, in gut und böse, in richtig und falsch zu unterscheiden. Weil die verinnerlichten Werte eines Menschen seine individuelle Richtschnur für sein Handeln darstellen, ist es für uns so wichtig, die Werte eines Menschen zu kennen. Wir nutzen dazu das bereits beschriebene Rückschlussverfahren, d. h., wir schließen aufgrund der Transporteure wie Verhalten oder Körpersprache auf den Charakter eines Menschen. Dabei nutzen wir vier Informationsquellen, die in Abbildung 10 veranschaulicht sind. Wir nutzen nicht nur konkrete Beobachtungen aus Direktkontakten, sondern auch alle Informationen, die wir aus zufälligen Kontakten bekommen. Dazu gehört z. B. auch, wenn wir einen Menschen zufällig irgendwo treffen oder sehen. Drittens sind all die Geschichten, die uns über einen Menschen berichtet werden, weitere Puzzleteile, um auf den Charakter eines Menschen zu schließen. Häufig beschreiben Anekdoten sehr gut den Kern eines Menschen. Und schließlich verrät das Handeln und Reden eines Menschen sehr viel über seinen Charakter. So erzählt z. B. die Art und Weise, wie jemand über Kollegen oder Mitarbeiter spricht, sehr viel über dessen eigenes Menschenbild! Beispielsweise sieht Götz Werner, ein Anthroposoph und Gründer von dm, z. B. Mitarbeiter nicht als Kostenfaktor, sondern als wichtigen Teil der Wertschöpfung. Daher besuchte er seine Filialen nicht unangemeldet, sondern meldete seinen Besuch immer vorher an. Ganz anders sein Konkurrent Anton Schlecker: Er besucht seine Filialen gerne unangemeldet und misstraut den Beschäftigten – von den Bezirksleitern wird erwartet, dass sie immer wieder Mitarbeiter des Diebstahls überführen. Die unterschiedlichen persönlichen Werte dieser beiden Männer haben zu ganz unterschiedlichen Firmenkulturen geführt, die jeder bei einem Vergleich von beiden Geschäften spüren kann.

Abb. 10
Vier Informationsquellen

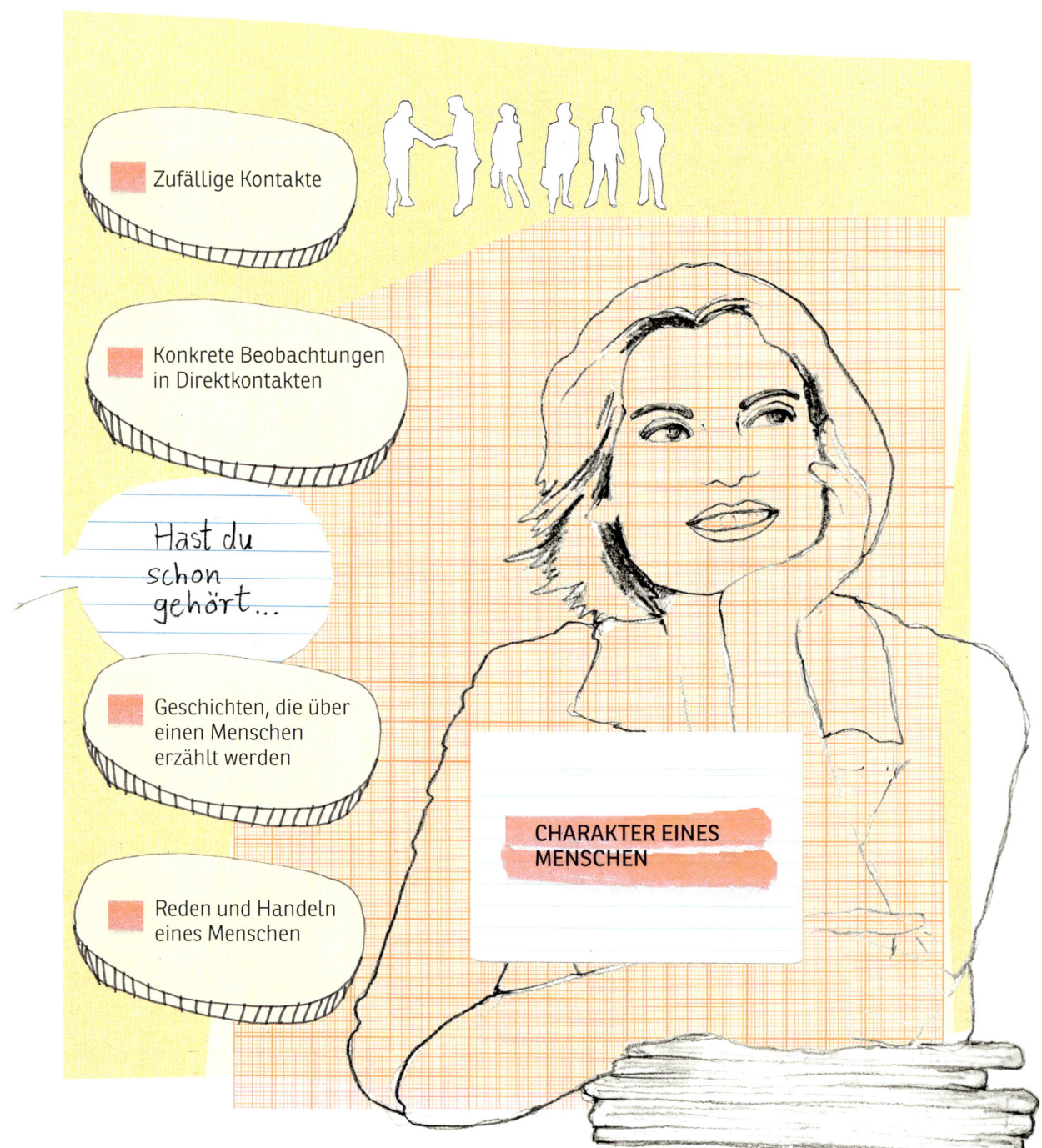

SELBSTÜBUNG
WERTE

Am Anfang dieses Kapitels stand die Frage, welche Werte Ihnen wichtig sind. Lassen Sie uns diesen Gedanken weiterentwickeln:

1. Welche Werte sind Ihnen wichtig? (Überprüfen Sie, ob es wirklich die Werte sind, die Sie bereits zu Beginn dieses Kapitels aufgeschrieben haben.)

_____

_____

2. Bringen Sie diese Werte in eine Rangreihenfolge! Welches ist Ihr wichtigster Wert usw.?

_____

_____

3. Schreibt Ihre Umwelt Ihnen diese Werte aufgrund Ihres Verhaltens, Ihres Auftretens zu?

_____

_____

4. Wenn nein, welche anderen Werte schreibt Ihnen Ihr Umfeld zu – warum?

_____

_____

5. Was können Sie tun, damit die Werte, die für Sie wichtig sind, auch von Ihrer Umwelt als Ihre Werte erkannt werden? Welche Transporteure vermitteln diese Werte?

_____

_____

_____

_____

2.2.4 AUGEN LÜGEN NICHT

Die Wirkung von inkonsistenten Signalen
Mussten Sie schon einmal andere von etwas überzeugen, von dem Sie selbst nicht überzeugt waren? Ist Ihnen das gelungen?

Wenn Eltern Kindern nicht glauben, sagen Sie meistens: „Schau mir in die Augen" oder „Schau mich an, wenn du mit mir redest." Intuitiv nutzen die Eltern die Aussagekraft von Körpersprache und vor allem der Augen, um so die verbale Aussage ihrer Kinder zu verifizieren oder als falsch zu enttarnen. Augen lügen nicht, es sei denn, wir haben einen sehr guten Schauspieler vor uns. So hilft uns die Körpersprache, Mimik und Gestik unseres Gegenübers, dessen Glaubwürdigkeit besser einschätzen zu können. Andererseits stellt uns unsere eigene Körpersprache vor eine große Herausforderung, vor allem wenn wir Inhalte vertreten sollen, von denen wir nicht wirklich überzeugt sind. Vielleicht haben Sie eine solche Situation schon erlebt. Wahrscheinlich war Ihre Werbung dann auch nicht sehr überzeugend – und dafür gibt es eine einfache Erklärung: Wenn wir nicht hinter einer Sache stehen, so können wir zwar mit Worten für die Sache werben, doch in den meisten Fällen werden uns unser Körper und unsere Stimme verraten.

Bereits zu Beginn haben wir das Bild des Puzzles für den Prozess der Ich-Markenbildung eingeführt. Die Frage ist nun, wie gehen wir mit Puzzleteilen, die anscheinend nicht in das Gesamtbild passen, um? Wenn ein einzelnes Puzzleteil unpassend zu den anderen erscheint, dann sind wir kurz irritiert, legen es zur Seite und machen mit den anderen Teilen weiter. Eine einzelne Unstimmigkeit ist also nicht weiter schlimm. Genau dieser Mechanismus, der uns das Zurechtfinden in einer komplexen Welt durch das Ignorieren einzelner Ausreißer erleichtert, sorgt aber auch dafür, dass es sehr schwer

ist, den ersten Eindruck zu korrigieren. Erst wenn viele Puzzleteile, viele Signale unpassend erscheinen, hinterfragen wir das Gesamtbild und kommen zu dem Schluss, dass das Gesamtbild wohl anders aussieht, als wir es uns bisher vorgestellt haben. Das heißt, nun findet eine Korrektur des Gesamtbildes statt. Dabei erhalten die Puzzleteile Körpersprache, Sprache, Stimme usw. eine sehr hohe Bedeutung – viel höher als der Inhalt. Die Begründung dafür ist einfach: Nur gute Schauspieler können ihre Körpersprache und ihre Stimme kontrollieren und gezielt einsetzen – für „normale" Menschen ist das sehr schwer. Die Wahrscheinlichkeit, dass die Körpersprache oder die Stimme lügt, ist gering. Daher verlassen wir uns im Zweifelsfall lieber auf diese schwer zu manipulierenden Signale.

Allerdings sind die verbale und die nonverbale Kommunikation nicht immer entweder kongruent oder widersprüchlich. Es gibt einige Zwischenformen. Es lassen sich insgesamt sechs Typen der Interaktion zwischen verbal kommuniziertem Inhalt und der nonverbalen Kommunikation (Körpersprache, Mimik, Gesten) unterscheiden:

→ Wiederholung/Verstärkung: Die nonverbale Kommunikation wiederholt das soeben Gesagte, z. B. wenn der Redner von Norden spricht und gleichzeitig nach Norden zeigt. Oder der Redner lädt das Auditorium ein, Fragen zu stellen, und öffnet dazu einladend seine Arme.

→ Ergänzung: Das nonverbale Verhalten ergänzt den Inhalt. Zum Beispiel ergänzen gut vorbereitete und fehlerfreie Diskussionsunterlagen das Argument, dass diese Schlussfolgerung nach intensiver Diskussion und Arbeit zustande kam. Oder der ordentliche Schreibtisch einer Sekretärin zeigt, dass sie alles im Griff hat. Die adäquate Kleidung eines Referenten unterstreicht die Bedeutung, die dieser dem Termin und den Zuhörern beimisst.

→ Akzentuierung/Relativierung: Die nonverbalen Signale relativieren (absichtlich oder unabsichtlich) das Gesagte: So kann z. B. ein Augenzwinkern verdeutlichen, dass das soeben Gesagte nicht ganz ernst gemeint ist. Eine leise Stimme relativiert die Großartigkeit der soeben vorgetragenen Idee – wahrscheinlich ist die Idee doch nicht so großartig. Oder die bereits oben beschriebenen „Weichspüler", d. h. Wörter, die das soeben Gesagte abschwächen (z. B. vielleicht, ein bisschen, ich denke usw.), relativieren den Inhalt.

→ Substitution: Die nonverbale Kommunikation ersetzt die verbale Kommunikation. Einen Menschen, den wir gut kennen, verstehen wir häufig auch ohne Worte. Allein der Gang oder der Gesichtsausdruck sagt uns, ob jemand erfolgreich oder nicht erfolgreich war, ob es ihm gut geht oder nicht.

→ Regulierung: Die nonverbale Kommunikation wird genutzt, um das Redeverhalten anderer Menschen zu beeinflussen. Zum Beispiel wenn wir jemanden durch aufmunterndes Zunicken und entsprechenden Augenkontakt ermuntern, mit seinem Redebeitrag fortzufahren.

→ Widersprüchlichkeit: Die verbale und die nonverbale Kommunikation widersprechen sich. Zum Beispiel wenn ich mit hängenden Schultern, leiser Stimme und vielen „vielleicht", „eventuell", „ein bisschen" usw. von einer großartigen Idee erzähle. Oder ich komme ohne gute Begründung zehn Minuten zu spät zum Vorstellungsgespräch und erzähle dann, dass diese Firma mein Traumarbeitsplatz wäre.

Problematisch sind die Fälle, in denen die nonverbale Kommunikation ungewollt das soeben Gesagte relativiert bzw. sogar im Widerspruch dazu steht. Um das zu vermeiden, gibt es ein paar einfache Regeln, die drei K:

K Klare Sprache und Stimme.

K Kontrollierte nonverbale Kommunikation.

K Kontakt mit dem Publikum.

Eine klare Sprache heißt, keine Weichspüler verwenden, sondern in klaren Worten sagen, was man meint. Ferner muss die Sprache für die Zuhörer verständlich sein, d. h. keine bzw. wenig Fremd- und Fachwörter verwenden, kurze Sätze usw. Die Stimme muss so laut sein, dass jeder Sie gut verstehen kann. Sie sollten nicht zu schnell sprechen und Ihre Stimme sollte nicht schrill oder gepresst daherkommen. Und nutzen Sie die Möglichkeiten der Satzmelodie, um ihren Zuhörern das Zuhören einfach zu machen – in Kapitel 2.2.2 haben wir die Rolle und die Möglichkeiten der Sprache ausführlich besprochen.

Kontrollierte nonverbale Kommunikation bedeutet, dass Sie im Zweifelsfall die Gesten und körpersprachlichen Signale nur minimalistisch einsetzen. Ich übe in meinen Seminaren mit den Teilnehmern immer eine Basishaltung, die ihnen hilft, sich gerade in schwierigen Situationen ganz auf den Inhalt und die Sprache konzentrieren zu können! Eine gute Basishaltung im Stehen sieht folgendermaßen aus: Die Füße stehen schulterbreit auseinander und sind gut geerdet, die Fußspitzen schauen zu den Zuhörern (auf keinen Fall nach innen gedreht, am besten parallel). Sie stehen aufrecht, d. h., die Schultern sind weder nach vorne noch nach hinten gebeugt. Der Kopf ist gerade und die Hände sind oberhalb (!) der Gürtellinie. Gerade letzter Punkt bereitet vielen Seminarteilnehmern Schwierigkeiten, dabei ist er aber sehr wichtig. Hände gehören weder in die Hosentaschen noch auf den Rücken noch sollten sie einfach herunterbaumeln. Bitte vermeiden Sie auch, die Hände zum (Stoß-)Gebet zu verschließen – Sie brauchen dann viel zu lange, bis Sie die Hände für Gesten frei bekommen. Wenn es Ihnen schwerfällt, die Hände einfach so oberhalb der Gürtellinie zu halten,

z. B. durch Ineinanderlegen, nehmen Sie einfach einen Stift in die Hand und halten diesen Stift oder nehmen Sie Karteikarten. Aber spielen Sie nicht mit dem Stift! DIN-A4-Blätter sind zu groß in der Hand – wenn Sie dann zu Gesten ausholen, wirkt das leicht bedrohlich. Vielleicht können Sie die Hände auch auf ein Rednerpult legen. Benutzen Sie die Bauchatmung und atmen Sie ruhig und regelmäßig. Eine solche Atmung gibt Ihrer Stimme mehr Raum und Sie vermeiden schrille Töne. Die Augen blicken zu den Zuhörern und sie schauen, wenn angebracht, freundlich und lächelnd in die Runde. Es empfiehlt sich, eine solche Basishaltung perfekt zu beherrschen. Nutzen Sie jede Möglichkeit, um in weniger bedeutenden Situationen eine solche Basishaltung zu üben. Dadurch entsteht gerade in kritischen Situationen Sicherheit, weil Sie sich dann nicht mehr um die nonverbalen Signale kümmern müssen, sondern Ihre Aufmerksamkeit ganz auf Ihre Argumentation, Ihren Inhalt und die Sprache legen können. In der Regel führt dies auch zu einem positiven Kreislauf: Wenn die nonverbale Kommunikation einigermaßen unter Kontrolle ist, entsteht Sicherheit. Dadurch wird überzeugender argumentiert, die Sicherheit nimmt zu und Ihre Körpersprache wird gleichzeitig lebendiger und unterstützt Ihre Argumentation.

Das dritte K steht für Kontakt mit dem Publikum. Es gibt nichts Schlechteres als Gesprächspartner oder Referenten, die die Zuhörer nicht anschauen. Sie vergeben damit eine große Chance, denn sie sehen nicht, was mit und bei den Zuhörern los ist, und gleichzeitig haben die Zuhörer den Eindruck, dass sie ignoriert werden. Augenkontakt heißt übrigens: Eine Person wird so lange angeschaut, bis sie zurückgeschaut hat! Ohne das aktive Zurückschauen ist kein Augenkontakt zustande gekommen. Und es hilft Ihnen nichts, wenn Sie die Zuhörer nicht mehr anschauen, weil Sie merken, diese folgen Ihnen nicht, und Sie sich durch eine solche Reaktion verunsichert fühlen. Das wirkt wie ein kleines Kind, das sich die Augen zuhält und sagt: „Bin nicht mehr da." In kritischen Situationen gilt es, sozusagen den Stier bei den Hörnern zu packen und durch geschicktes Einbeziehen der Zuhörer und aktives Nachfragen die Zuhörer zurückzuholen! In Kapitel 3.5 werden wir näher darauf eingehen, wie Sie solche Situationen souverän meistern.

Der konsistente Auftritt eines Menschen ist in vielen Situationen von entscheidender Bedeutung, z. B. beim Bewerbungsgespräch, bei wichtigen Vertriebspräsentationen, bei Bankenverhandlungen, im Umgang mit Kundenreklamationen oder auch bei der Einwerbung von Venture Capital (Venture Capital finanziert Firmen in der Frühphase, d. h. bei Gründung oder bei den ersten Ausbauschritten). Ein Unternehmensgründer, der ohne leuchtende Augen und ohne spürbare Begeisterung von seiner Geschäftsidee erzählt, wird kein Geld für sein Unternehmen bekommen, auch wenn er eine hervorragende Hochglanzpräsentation vorlegt.

Neben der Zeitpunktbetrachtung, d. h. dem Zusammenspiel aller Faktoren für den Gesamteindruck in einer bestimmten Situation, sind die unterschiedlichen Signale im Laufe der Zeit wichtig für das Entstehen unserer Ich-Marke. Wir müssen daher darauf achten, dass wir nicht nur in einer einzelnen Situation, sondern auch im Zeitverlauf konsistente Signale aussenden. Häufig klagen Personalverantwortliche darüber, dass Mitarbeiter einerseits zwar sagen, sie möchten gerne Karriere machen und sich weiterentwickeln, dass sie aber andererseits bei vielen anderen Gelegenheiten diese Aussage nicht durch ihr Auftreten und Tun unterstützen, sondern konterkarieren. Sie ergreifen nicht von sich aus die Initiative und präsentieren Projektergebnisse vor dem Vorstand, sondern lassen anderen den Vortritt. Sie ergreifen nicht von sich aus die Federführung bei Projekten usw. So klagte kürzlich ein Projektleiter, dass viele zwar gerne befördert werden wollen, und wenn er frage, wer die Ergebnisse vor der Geschäftsleitung präsentiere, herrsche häufig Schweigen. Nachdem Sie dieses Buch gelesen haben, werden Sie sich zukünftig sicher sofort bereit erklären, eine solche Präsentation zu übernehmen. Denn das ist eine einmalige Gelegenheit, auf sich aufmerksam zu machen.

Konsistente Signale sind also insbesondere gegenüber Menschen, die für uns wichtig sind, von großer Bedeutung. Doch das heißt nicht, dass wir uns nun wie ein vorhersehbarer Computer verhalten müssen oder sollten, im Gegenteil. Uns Menschen zeichnet gerade unsere Vielschichtigkeit aus. Wir sind nicht nur Fachwissen oder Körper, sondern lebendige Wesen mit Herz und Verstand. Jedoch sollten die unterschiedlichen Facetten unseres Ich im Großen und Ganzen zueinander stimmig sein. Solche Menschen erleben wir dann als authentisch. Die Transporteure erwecken alle ähnliche Eindrücke und sie wirken echt, eben authentisch. Hier spielt uns niemand etwas vor, sondern wir erleben den Menschen genau so, wie er ist: Das Verhalten, das Auftreten, Sprache und Stimme verweisen unverzerrt und klar auf den Kern des Menschen, auf seine Fähigkeiten, Stärken, sein Wissen und seine Werte. Bei Menschen, deren Auftreten und Verhalten an sich stimmig ist, ist ein einzelner schlechter Tag, ein Fehler bei der Arbeit nicht weiter schlimm, weil es im Großen und Ganzen ja anders ist. Einzelne Ausreißer werden dankenswerterweise in der Regel von unserem Umfeld eben als Ausreißer auf die Seite gelegt. Jedem Menschen passieren Fehler, das ist menschlich. Wir sollten nur sicherstellen, dass es sich eben um einzelne (!) Ausreißer handelt. Und in den allermeisten Fällen werden nur wir selbst noch lange die unangenehme Situation im Kopf haben, während die anderen sie längst vergessen haben.

SELBSTÜBUNG
KONSISTENTE SIGNALE

Welche Signale senden Sie in Ihrem Berufsalltag durch

a) Ihr Auftreten/Körpersprache/Mimik,

b) Ihr äußeres Erscheinungsbild,

c) Ihre Sprache und Stimme und

d) Ihr Tun aus?

Wenn möglich überprüfen Sie Ihre Selbsteinschätzung durch die Einschätzung seitens Ihrer Kollegen und / oder auch von Ihrem Chef. Sie können z. B. nach einer Präsentation oder einer Besprechung, das Sie moderierten, einen Kollegen fragen:
Wie habe ich gewirkt? – eventuell unterstützt durch den Hinweis, dass Sie an Ihren Präsentationsfähigkeiten usw. arbeiten und gerne sein Feedback haben möchten. Sehr hilfreich sind auch Videoaufzeichnungen, z. B. von Vorträgen, die uns selber erlauben, uns bei unserem Tun zuzuschauen. Meistens entdecken wir dabei sehr viel, was wir gerne anders machen möchten.

_____

_____

_____

_____

_____

_____

_____

_____

_____

_____

_____

_____

_____

2.3 HEUTE SO UND MORGEN SO

Das Bild über uns wird bei jedem Kontakt überarbeitet: verfeinert, ergänzt oder korrigiert

Sie kennen vielleicht folgende Geschichte: Zwei Schulfreunde begegnen sich nach 20 Jahren wieder. Der eine sagt zum anderen: „Oh, du hast dich ja gar nicht verändert", worauf der andere heftig erschrickt. – Wenn Sie ein Kollege, der Sie seit fünf Jahren nicht mehr gesehen hat, trifft, was würde er wohl zu Ihnen sagen?

Im vorhergehenden Kapitel haben wir uns mit der Wirkung von inkonsistenten Signalen beschäftigt. Diese können natürlich nicht nur zu einem bestimmten Zeitpunkt auftreten, sondern sich auch durch verschiedene Kontakte ergeben. Jede Begegnung und jeder Kontakt wird genutzt, um das Bild, das wir uns von einem Menschen machen, zu verfeinern, zu ergänzen, zu adjustieren oder auch zu korrigieren. Die Ergänzung kann dabei vier verschiedene Formen haben, ganz ähnlich dem Zusammenspiel von verbaler und nonverbaler Kommunikation. Abbildung 11 veranschaulicht diesen Prozess. Ein neuer zusätzlicher Eindruck kann verfestigend wirken, z. B. die Verkäuferin schafft es immer wieder, unzufriedene Kunden durch gute Bearbeitung und Handhabung der Reklamation zu besänftigen, der launische Kollege wird immer wieder als launisch erlebt, die modisch gestylte Kollegin kommt jeden Morgen top gestylt ins Büro usw.

Eine zweite Möglichkeit ist, dass wir bei einem neuen Kontakt ganz neue, zusätzliche Seiten eines Menschen entdecken. Da stellen wir plötzlich fest, dass der IT-Spezialist auf dem Sommerfest hervorragend Klavier spielt, die Sachbearbeiterin sich hervorragend mit Computern auskennt oder der Buchhalter perfekt Spanisch spricht. Das Bild, das wir uns von diesem Menschen machen, erhält eine zusätzliche Dimension. Gleichzeitig wird der Mensch damit auch interessanter, da vielschichtiger.

Ein neuer Kontakt kann aber auch dazu führen, dass wir das Bild, das wir von einem Menschen haben, relativieren. Da nehmen wir neue Seiten eines Menschen wahr, die uns dazu veranlassen, unser bisheriges Bild zu korrigieren. Da erfahren wir, dass die häufig schlecht gelaunte und nicht ausgeschlafen wirkende Steuerexpertin seit zwei Jahren ihre kranken Eltern pflegt – und schon haben wir ein anderes Bild dieser Frau. Da stellen wir fest, dass der als schwierig erlebte Geschäftspartner einen persönlichen Schicksalsschlag erlitten hatte oder dass der sparsame Unternehmer vielen Menschen in Not geholfen hat. Die Relativierung kann natürlich auch negativer Art sein, wenn z. B. der kostenbewusste Geschäftsführer sich selbst allerhand Luxus erlaubt oder ein Chef sich gegenüber einem in Ungnade gefallenen Mitarbeiter ungerecht verhält. In den letzteren Fällen nimmt das Bild, das wir von diesen Menschen haben, Schaden, d. h., wir haben einen schlechteren Eindruck.

Abb. 11
So entsteht ein Bild über
einen Menschen

SCHEMENHAFTES BILD

VERFESTIGUNG

ERGÄNZUNG

RELATIVIERUNG

KORREKTUR

KONKRETES BILD

Schließlich können die neuen Eindrücke noch im Widerspruch zu den bisherigen Eindrücken stehen. Im vorangegangenen Kapitel haben wir überlegt, wie wir mit gleichzeitigen widersprüchlichen Signalen umgehen. Ähnlich ist der Umgang mit zeitversetzten widersprüchlichen Signalen. Allerdings muss die Widersprüchlichkeit stärker sein, damit eine Korrektur der bisherigen Eindrücke stattfindet. Kleinere Widersprüche ignorieren wir – hier greift unser Verdrängungsmechanismus, der uns das Leben in unserer komplexen Welt vereinfacht. Erst wenn viele Widersprüche auftreten bzw. ein sehr heftiger Widerspruch zu beobachten ist, fangen wir an, das Bild, das wir über einen Menschen haben, zu korrigieren. Wenn ein solcher Korrekturmechanismus einsetzt, bekommt das neuere Bild eine höhere Gewichtung als die alten Bilder. Ein Beispiel dafür ist Helmut Kohl. Am Ende seiner Kanzlerzeit wurde er von der CDU als Alt-Kanzler in Ehren gehalten. Durch die Spendenaffäre fiel er in Ungnade und taucht in der CDU so gut wie nicht mehr auf.

ÜBERPRÜFUNG IHRER STÄRKEN UNTER DEM ZEITLICHEN ASPEKT

1. Am Ende von Kapitel 2.1 haben Sie Ihre Stärken definiert. Wie haben sich diese Stärken im Laufe der Zeit entwickelt?

_____

_____

_____

_____

2. Welche Stärken sind stärker geworden?

_____

_____

_____

3. Welche haben Sie nicht ausgebaut?

_____

_____

_____

4. Welche sind verkümmert?

_____

_____

_____

_____

2.3.1 TYPISCH!

Gleichartige Erfahrungen festigen ein Markenbild

Wann und bei welcher Gelegenheit haben Sie gedacht: „Das ist mal wieder typisch für meinen Kollegen, meinen Chef"? Warum war es typisch? Was ist für Sie typisch?

Typisch Brigitte: Musste sie mal wieder vorpreschen. Typisch Dieter: Mault hintenrum und in großer Runde sagt er nichts. Das kleine Wörtchen „typisch" verwenden wir dann, wenn die Transporteure (das Verhalten, die Kleidung usw.) genau so wie erwartet sind. Der neue Eindruck deckt sich zu 100 % mit den bisherigen Eindrücken. Dieses ‚typisch" ist gleich in zweifacher Hinsicht für uns wichtig: Zum einen erleichtert es das Zusammenarbeiten bzw. Zusammenleben ungemein, wenn jemand sich typisch, also berechenbar verhält. Zum anderen ist es ein ganz wichtiger Hebel, um selbst zur Ich-Marke zu werden.

Und vor diesem Hintergrund ist es sehr leicht verständlich, warum uns launische Menschen Schwierigkeiten bereiten – sie sind nicht berechenbar. Wir fragen daher wenn möglich vor einem Aufeinandertreffen mit einer solchen launischen Person die Sekretärin oder den Kollegen, mit welchem Fuß der Kollege, der Chef heute aufgestanden ist. Diese kurze Information hilft uns zu wissen, welchen Typ wir heute vor uns haben. Und je nachdem werden wir entsprechend agieren. Viel besser ist es natürlich, Launen gleich morgens im Bett zurückzulassen.

Ein typisches Verhalten, ein typischer Auftritt – erst durch kontinuierliche Wiederholung wird etwas als typisch wahrgenommen. Eine einmalig gute Arbeit ist gut, aber noch längst nicht typisch. Erst wenn wir kontinuierlich gute Arbeit leisten, werden wir den Ruf erlangen, ein hervorragender Mitarbeiter zu sein. Die Werbefachleute sprechen davon, sich gegen das Rauschen durchzusetzen. So gilt z. B. für Fernsehwerbung die Regel, dass erst nach siebenmaligem Sehen davon ausgegangen werden kann, dass ein Zuschauer die Werbung auch wahrgenommen hat. Davor hat er nur irgendwelche Werbung

gesehen, kann sich aber nicht an die konkrete Werbung erinnern. Eine Werbebotschaft muss sich also erst gegen das allgemeine Rauschen im Fernsehen durchsetzen. Für uns am Arbeitsplatz ist die Situation ganz ähnlich. Viele Dinge passieren gleichzeitig und unser Chef und unsere Kollegen sind mit einer Vielzahl von Eindrücken gleichzeitig konfrontiert. Nur wenn Sie immer wieder Ihre Stärken zeigen, wird auch Ihr Umfeld Ihre Stärken entdecken. Zu Beginn des Buches haben wir bereits erarbeitet, dass es sehr wichtig ist, dass Sie über Ihre Arbeit reden, damit Ihre Arbeit überhaupt wahrgenommen wird. Nun geht es darum, dass Sie immer wieder in gleicher Art und Weise von Ihrer Arbeit und Ihren Stärken reden und über sich reden machen.

Von der klassischen Werbung können wir noch etwas zweites Wichtiges lernen – den Unterschied zwischen guter und schlechter Werbung. Jede Werbung, die nicht im Kopf hängen bleibt, ist schlecht. Außerdem ist Werbung, bei der wir uns zwar an den Werbespot oder das Plakat erinnern, aber nicht mehr wissen, für welches Produkt geworben wurde, schlechte Werbung. Übertragen auf den Menschen und unsere Situation heißt das, dass wir sorgfältig darauf achten müssen, dass wir unsere herausragenden Stärken und Fähigkeiten und unsere wichtigen Werte transportieren und nicht unsere mittelmäßigen Stärken usw. Jedoch sind gerade im Arbeitsalltag Menschen immer wieder damit konfrontiert, dass sie unterhalb ihrer Möglichkeiten eingesetzt werden. Ganz besonders in solchen Situationen müssen Sie systematisch nach Möglichkeiten suchen, Ihre herausragenden Stärken unter Beweis zu stellen. Und arbeiten Sie in solchen Fällen systematisch an einer beruflichen Veränderung.

SELBSTÜBUNG
ÜBERPRÜFUNG IHRER KOMMUNIKATION AUS KAPITEL 1.1

1. In Kapitel 1.1 haben wir besprochen, dass Sie mindestens einmal pro Woche Ihren Chef bzw. Ihr Umfeld über Ihre Arbeit informieren sollten. Lassen Sie Ihre Information an Ihren Chef in den vergangenen Wochen Revue passieren: Was muss Ihr Chef basierend auf Ihrer Kommunikation für Sie als typisch ansehen?

2. Kommunizieren Sie damit ausreichend Ihre herausragenden Stärken (die Sie am Ende von Kapitel 2.1 bestimmt haben)?

3. Wie können Sie Ihre Kommunikation verändern, um Ihre Stärken deutlich besser hervorzuheben?

2.3.2 QUOD ERAT DEMONSTRANDUM

Die Kür: Verfestigen Sie Ihre Ich-Marke durch systematische Verstärkung

Werden Sie im beruflichen Umfeld immer eher gleich von den Kolleginnen und Kollegen erlebt oder durchaus unterschiedlich? Wenn Sie unterschiedlich erlebt werden, warum?

Im Marketing für Konsumgütermarken kann man grob zwei Teile der Markenbildung unterscheiden. Zum einen geht es darum, eine Begehrlichkeit zu wecken, sodass der Kunde das Produkt kauft. Zum anderen geht es darum, dem Kunden beim Kauf und auch danach bei der Nutzung des Produktes immer wieder zu bestätigen, dass er einen guten Kauf gemacht hat. Letzteres nennen die Marketingleute „Reassurance". Das heißt, nachdem ein Kunde ein Produkt gekauft hat, soll dieser Kunde immer wieder bestärkt werden, dass er das richtige Produkt gekauft hat. Das Allerwichtigste dabei ist, dass das Produkt die Versprechungen der Werbung vor dem Kauf einhält. Ein Waschmittel muss einfach sauber waschen, in einem teuren Anzug will ich gut aussehen und mich wohlfühlen. Welchen Eindruck würde auf Sie ein Auto machen, das in der Werbung als sicher angepriesen wird, und dessen Tür dann scheppernd ins Schloss fällt und bei dem beim Fahren die Motorhaube wackelt? Sie sind irritiert und halten das Auto nicht für sicher – Sie glauben der Marke nicht mehr. Oder wie geht es Ihnen, wenn Sie für sich schöne neue Sitzmöbel ausgesucht haben und nun stellen Sie fest, dass Menschen, die Ihnen auf den ersten Blick sehr unsympathisch sind, genau dieselben Sitzmöbel kaufen wollen? Das zweite Beispiel zeigt sehr schön, dass es nicht nur auf die eigenen Erfahrungen mit dem Produkt ankommt, sondern auch darauf, wie andere – uns sympathische und unsympathische – Menschen das Produkt sehen.

Was heißt das nun für unsere Ich-Marke? Auch wir sollten systematisch daran arbeiten, dass solche Reassurance-Erlebnisse bezüglich unserer Person stattfinden. Im Gegensatz zu der oben beschriebenen Erfahrung, dass etwas typisch für uns ist, geht es um mehr – wir generieren nun systematisch solche Situationen.

Nehmen wir an, Ihnen wurde die Verantwortlichkeit für ein Projekt übertragen, weil Sie neben Ihren fachlichen Qualitäten für Ihre Motivationskünste bekannt sind und es bei diesem Projekt darum geht, die eingebundenen Kollegen, die alle selbst schon sehr stark zeitlich beansprucht sind, für das Projekt zu begeistern. In einer solchen Situation sollten Sie bei den regelmäßigen Projektberichten nicht nur den inhaltlichen Fortschritt beschreiben, sondern mindestens die Nebensätze nutzen, um zu verdeutlichen, unter welcher Anstrengung diese Ergebnisse zustande kamen. Dass die einzelnen Mitarbeiter Überstunden machten, teilweise sogar am Wochenende gearbeitet haben, damit es im Projekt Fortschritte gab. Solche Zusatzinformationen verdeutlichen erstens gegenüber Ihrem Chef Ihre Motivationsstärke und andererseits helfen solche Informationen auch Ihren Teammitgliedern – diese erfahren, dass ihre Zusatzarbeit gewürdigt wird.

Eine gute und erfolgreiche systematische Reassurance hat zwei Elemente im Blickfeld: Ihre Stärken und die Signale, die Sie aussenden. Um zu einer starken Persönlichkeit zu werden, sollten Ihre Transporteure (Sprache, Stimme, Aussehen, Mimik, Gestik, Körperhaltung, Accessoires und Verhalten) systematisch Ihre Stärken unterstreichen. Sie sagen: „Es ist viel zu komplex und zu schwierig, alle Transporteure im Blick zu haben." Ist es auch. Daher überlegen Sie in der Selbstübung am Ende dieses Kapitels, welche Einzelelemente am besten geeignet sind, um Ihre Stärken zu unterstreichen. Beispiel: Sie arbeiten erfolgreich als Anwalt im Bereich Firmentransaktionen (Käufe und Verkäufe von Firmen). Ihre Stärke besteht darin, durch viele Klauseln im Kaufvertrag das Risiko des Käufers einer Firma und den Kaufpreis zu reduzieren. Für Ihre Stärke ist es unerheblich, ob

Ihr Anzug maßgefertigt oder Stangenware ist, ob Ihre Krawatte der neuesten Mode entspricht. Entscheidend ist vielmehr, dass Sie durch Ihr Auftreten, Ihre Redebeiträge, Ihre Hartnäckigkeit, Ihre Unterlagen und Ihr diplomatisches Geschick die Verhandlungen führen und leiten, d. h., es kommt vor allem auf Ihr Verhalten und Ihre Formulierkunst an. Natürlich sind solche Verhandlungen immer auch Pokerrunden, die schon damit beginnen, welcher Vertragsentwurf von welcher Seite (Käufer oder Verkäufer) als Diskussionsgrundlage genommen wird. Mancher Anwalt hat mit Erfolg schon einfach damit gepokert, dass er den Vertragsentwurf der Gegenseite nicht dabei hatte und daher alle seinen Entwurf als Basis für das Gespräch nehmen mussten.

Die konsistenten Signale haben wir schon mehrfach angesprochen. Sie spielen vor allem in der zeitlichen Perspektive eine Rolle. Nur wenn Sie immer wieder gleich erlebt werden (und aktiv dafür sorgen, dass Sie gleich erlebt werden), sind Sie in der Lage, eine starke Ich-Marke aufzubauen. Die konsistenten Signale spielen also nicht nur eine Rolle, wenn Sie Karriere machen wollen und diesbezüglich konsistente Signale aussenden sollten. Sie sind auch ein ganz wichtiges Mittel, um eine Persönlichkeit zu werden.

SELBSTÜBUNG
SYSTEMATISCHE REASSURANCE

1. Was tun Sie aktiv, damit Sie immer wieder gleich erlebt werden?

_____

_____

_____

_____

2. Dient Ihr heutiges Verhalten und Auftreten dazu, Ihre Stärken zu zeigen?

_____

_____

_____

_____

3. Nehmen Sie bitte wieder die von Ihnen in Kapitel 2.1 identifizierten Stärken und überlegen Sie, was Sie aktiv tun können, um diese Stärken deutlicher sichtbar zu machen. Denken Sie dabei an alle Transporteure und an konsistente Signale.

_____

_____

_____

4. Überprüfen Sie, ob und inwiefern Sie Ihre Signale, die Sie in Kapitel 2.2 bestimmt haben, anpassen bzw. verändern sollten.

_____

_____

_____

2.4 ERWARTUNGSKONFORM

Eine gute Marke entspricht den gesellschaftlichen Erwartungen an Sie
Wo entsprechen Sie ganz bewusst nicht den gesellschaftlichen Erwartungen an Sie und warum?

Wir haben an unsere Umwelt bestimmte Erwartungen und unsere Umwelt hat bestimmte Erwartungen an uns. So erwarten wir von einem Ingenieur ein gewisses technisches Verständnis und die Fähigkeit, kleinere alltägliche technische Probleme außerhalb seines Fachbereichs zu lösen, z. B. wenn ein Drucker streikt oder ein Beamer nicht funktioniert. Die Beispiele für Verwechslungen, weil Menschen nicht den Erwartungen entsprochen haben, sind zahlreich. So hat z. B. in einer großen Beratungsgesellschaft in London ein neuer Jungberater einer Frau einen Stapel Unterlagen gegeben, mit der Bitte, diese zu kopieren. Er hielt diese Frau angesichts von verstrubbelten Haaren und Jeans für eine Sekretärin und erkannte in ihr nicht die erfolgreiche Partnerin! Vielleicht lag es auch daran, dass Frauen (nicht nur) in Beratungsfirmen damals sehr selten waren und dieser Neuling schlichtweg nicht erwartete, dass eine Frau in diesem Metier etwas anderes als eine Sekretärin sein konnte.

Manchmal werden Erwartungen an einen Mitarbeiter oder Gast auch explizit formuliert, z. B. in einer Kleiderordnung oder wenn auf einer Einladung Informationen zur Garderobe gegeben werden. Erwartungen betreffen den gesamten Menschen. Am deutlichsten wird dies in Vorstellungsgesprächen. Vorstellungsgespräche sind nichts anderes als eine Überprüfung von Erwartungen, die eine Firma an einen Bewerber, basierend auf dessen schriftlicher Bewerbung oder den bisherigen Empfehlungen, hat. Das fängt mit Basisdingen wie Anstand an und hört bei adäquaten Fachkenntnissen noch lange nicht auf. Am Beispiel des Vorstellungsgesprächs wird auch deutlich, dass Erwartungen keine Einmalgeschichte sind, sondern eine zeitliche Perspektive haben. So entstehen bei einem Vorstellungsgespräch durch das Gespräch und die Begegnung mit dem Bewerber neue zusätzliche Erwartungen, die dann von ihm selbst hinterher, wenn er eingestellt wurde, eingelöst werden müssen. Und spätestens dann rächt es sich, wenn Sie Erwartungen geweckt, Dinge versprochen haben, die Sie nicht erfüllen und nicht leisten können. Häufig wird in solchen Fällen das Arbeitsverhältnis noch in der Probezeit beendet. Erwartungen können gerne übertroffen werden, sollten aber nicht untertroffen werden.

Wir haben oben bereits den zeitlichen Aspekt der Erwartungen angesprochen: Stellen Sie sich vor, es gibt zwei mögliche Mitarbeiter für ein Projekt und Sie müssen sich einen davon aussuchen. Der eine ist dafür bekannt, dass er immer wieder mal geniale Ideen hat, die alles andere in den Schatten stellen, ansonsten aber eher mittelmäßige Arbeit macht. Der andere ist dafür bekannt, dass er immer gute und ordentliche Arbeit macht. Wen nehmen Sie? Die allermeisten erfahrenen Führungskräfte werden den zweiten Mitarbeiter aussuchen – hier haben sie eine große Chance, dass das Projekt erfolgreich wird, da dieser Mitarbeiter immer gute und ordentliche Arbeit macht. Das Risiko, den ersten zu nehmen, ist den meisten zu groß – denn die Wahrscheinlichkeit, dass er gerade für ihr Projekt auch eine geniale Idee hat, ist nicht sehr groß. Und ohne geniale Idee und nur mit mittelmäßiger Arbeit ist ihr Projekterfolg insgesamt gefährdet.

SELBSTÜBUNG
ERWARTUNGSKONFORM

1. Benennen Sie fünf Erwartungen, die Ihr Chef bzw. Ihre Kollegen an Sie haben.

_____

_____

_____

_____

_____

_____

2. Wie stark entsprechen Sie den fünf Erwartungen?

_____

_____

_____

_____

_____

_____

3. Gibt es Dinge, die Sie leicht ändern können, um dadurch stärker den Erwartungen zu entsprechen?

_____

_____

_____

_____

_____

2.5 KLARES PROFIL

Eine starke Marke wird von unterschiedlichen Menschen gleich erlebt
Nehmen Ihre Kollegen und Ihr Chef Sie ähnlich in Ihrem Arbeitsumfeld wahr oder unterschiedlich?

Sind Ihnen auch schon Menschen begegnet, die polarisieren? Die einen halten Sie für unglaublich gut, die anderen für fürchterlich. Solche unterschiedlichen Urteile kommen zumeist dann zustande, wenn unterschiedliche Fähigkeiten unterschiedlich gewichtet werden und diese Menschen über sehr unterschiedliche Fähigkeiten verfügen.

Gleich erlebt kann sich auf verschiedene Ebenen erstrecken. Zum Beispiel werden Menschen mit äußerlichen Besonderheiten oft sehr einfach identifiziert. „Ach, du meinst doch den langen dürren Kerl", oder „die Frau mit dem Hut" usw. Abbildung 12 kategorisiert die Transporteure in ihrer Eindeutigkeit der Aussage. Accessoires und Aussehen werden von den meisten Menschen gleich interpretiert – dagegen wird Verhalten häufig sehr unterschiedlich empfunden. Zum einen, weil natürlich das Verhältnis verschiedener Menschen zu uns unterschiedlich ist. Wir verhalten uns in der Regel unserem Chef gegenüber anders als gegenüber Kollegen.

Für eine spezielle Sorte, die sich nach oben als Duckmäuschen verhalten und die nach unten Druck machen, hat sich der Begriff „Radfahrer" etabliert. Zum anderen müssen wir bei Mimik und Gestik immer den gesamten Menschen betrachten – denn nur in der Summe können wir die Signale richtig interpretieren. Da es aber immer sehr schwierig ist, einen Menschen als Ganzes mit all seinen Ausdrucksmöglichkeiten zu erfassen, entstehen hier leicht unterschiedliche Interpretationen. Was heißt das nun für uns? Wir müssen durch gegenseitige Verstärkung der Signale und durch Wiederholung sicherstellen, dass wir in der richtigen Art und Weise von unserem Umfeld wahrgenommen werden. Hier gilt das Gleiche wie für die

EINDEUTIGKEIT

Accessoires   Aussehen

Kommunikation allgemein: Nur das, was die Empfänger verstehen, zählt, nicht das, was ich sagen wollte bzw. in meinen verschiedenen Transporteuren ausdrücken wollte. Ich bin dafür verantwortlich, dass mein Umfeld mich in der richtigen Art und Weise wahrnimmt. Das heißt auch, dass ich eine Interpretationshilfe geben muss, wenn Dinge mehrdeutig aufgefasst werden können. In einem internationalen Kontext gilt es dabei zu beachten, dass es keine körpersprachlichen oder auch lautlichen Signale mit universaler Bedeutung gibt, d. h., wir müssen bei jeder Interpretation den kulturellen Hintergrund der jeweiligen Person beachten, um Fehlinterpretationen zu vermeiden. Im Zweifelsfall gilt: Einfach nachfragen bzw. erklären.

Abb. 12
Interpretationsspielraum der Transporteure

VIELDEUTIGKEIT DER INTERPRETATIONEN

Körperhaltung   Mimik/Gestik   Sprache   Stimme   Verhalten

Wenn Sie von verschiedenen Menschen gleich oder zumindest ähnlich wahrgenommen werden, werden Sie zu einer starken Persönlichkeit, zu einer starken Ich-Marke werden. Wir nutzen als soziale Wesen unsere Mitmenschen als Korrektiv, ob wir Dinge richtig wahrgenommen haben. Und so überprüfen wir, wenn wir über Kollegen, Chefs, Mitarbeiter usw. mit anderen sprechen, automatisch, ob das Bild, das wir uns über diese Menschen gemacht haben, identisch oder ähnlich zu dem Bild ist, das unsere Gesprächspartner von denselben Menschen haben. Die Dinge, die wir im Abgleich als typisch entdecken, werden wir dann der Persönlichkeit zuschreiben, die anderen Aspekte bleiben unter Beobachtung, ob sich die Ambivalenz auflösen lässt.

Bevor wir nun abschließend Ihren Ich-Faktor ermitteln, lade ich Sie zum Abschluss dieses Kapitels ein, Ihren USP zu bestimmen. USP kommt aus dem Marketing und bezeichnet die Eigenschaften, die Sie einzigartig machen, die Sie herausheben aus der Masse (Unique Selling Proposition). Warum ist das wichtig? Sie verfügen sicher über verschiedene Stärken. Doch welche verschaffen Ihnen einen echten Wettbewerbsvorteil gegenüber Ihren Kollegen? Was macht Sie einzigartig, was hebt Sie heraus aus der Masse? Es ist wichtig, einen solchen USP zu haben, um sich für Beförderungen zu empfehlen oder um bei Kündigungswellen möglichst zu den unverzichtbaren Mitarbeitern zu gehören.

SELBSTÜBUNG
BESTIMMUNG IHRES USP

1. Listen Sie Ihre drei besten Stärken auf (Stärken, die Sie sowohl in der Eigen- als auch der Fremdwahrnehmung haben).

_____

_____

_____

2. Bewerten Sie für diese drei Stärken Ihre Wettbewerbsfähigkeit, d. h., wie gut schneiden Sie bei diesen Stärken im Vergleich zu Ihren besten Kollegen ab?

_____

_____

_____

3. Prüfen Sie für diese drei Stärken, welche mittel- und langfristig für Ihre Firma bzw. in Ihrer Branche die höchste Bedeutung haben wird. Priorisieren Sie die drei Stärken.

_____

_____

_____

Ihr USP ist die Stärke, die das höchste positive Differenzierungspotenzial hat, d. h., mit der Sie sich sowohl von den Kollegen positiv differenzieren und die für Ihre Branche mittelfristig von Bedeutung ist.

2.6 HIER BIN ICH

Bestimmung Ihres Ich-Faktors
Wofür wurden Sie zuletzt von Ihrem Chef bzw. Ihren Kollegen gelobt? Konnten Sie sich über das Lob freuen?

Liebe Leser, dieses Kapitel ist nun Ihr Kapitel. Wir wollen gemeinsam die Antworten auf die bisherigen Fragen zusammentragen und dann Ihren Markenkern bestimmen. Denn erst wenn Sie wissen, wofür Sie stehen bzw. stehen möchten, macht es Sinn, dass wir uns geeignete Marketingstrategien überlegen.

In den vorangegangenen Kapiteln haben wir uns intensiv mit den Transporteuren, die als Boten unseres persönlichen Kerns agieren, beschäftigt. Nun wenden wir uns direkt dem Kern zu. Wir wollen analysieren, wie stark Ihre Ich-Marke ist. Als Ergebnis erhalten wir Ihren Ich-Faktor. Wir nutzen dazu eine klassische Analyse aus der Markenführung, die in Abbildung 13 verdeutlicht ist. Wir betrachten Ihren Persönlichkeitskern aus vier unterschiedlichen Blickwinkeln. Am Ende dieses Kapitels fügen wir diese vier unterschiedlichen Sichtweisen zusammen und erhalten als Schnittmenge Ihren Ich-Faktor.

Unser Kern setzt sich aus unserem Wissen, unseren Stärken bzw. Fähigkeiten und unseren gelebten Werten zusammen. Analysieren Sie zunächst einmal Ihren Kern aus Ihrer eigenen Wahrnehmung. Was macht Ihren Kern heute aus? Nutzen Sie dafür Ihre Vorarbeit zu Ihren Stärken aus den Selbstübungen in Kapitel 2.1 und 2.3 und zu Ihren Werten in Kapitel 2.2.3 Ergänzen Sie diese Stärken und Werte um Ihre sonstigen Fähigkeiten und Ihr Wissen. Nach dieser Bestimmung Ihres persönlichen Kerns wollen wir den Blickwinkel weiten und überprüfen, ob und inwiefern Sie mit diesem Kern zufrieden sind. Wofür würden Sie denn gerne stehen?

Oder anders gesagt: Welche Erwartungen haben Sie an sich? Deckt sich Ihr heutiger Kern mit Ihren Eigenerwartungen an Sie? Welche Werte sind Ihnen wichtig und sind das die Werte, die Sie leben? Bei den meisten Menschen sind der heutige Kern und der Wunschkern nicht identisch. Letzteres wäre auch langweilig, denn dann hätten Sie keine Ziele mehr für eine persönliche Weiterentwicklung.

Neben diesen beiden subjektiven Sichtweisen wollen wir noch von außen Ihren Kern analysieren, also die Fremdwahrnehmung mit einbeziehen: Wie erlebt Ihr Umfeld Sie, welche Schlüsse auf Ihren Markenkern zieht Ihr Umfeld? Nehmen Sie für diese Analyse Ihre Selbstübungen am Ende von Kapitel 2.2.4 zu Ihren Signalen und am Ende von Kapitel 2.5 zu den typischen Dingen als Ausgangspunkt, um diese externe Sichtweise auf ihren Kern mit seinen Bestandteilen Stärken/ Fähigkeiten, Wissen und Werten zu erarbeiten. Wie oben bei der eigenen Sichtweise ergänzen wir diese externe Betrachtungsweise noch um das Soll – welche Erwartungen hat Ihre Umwelt an Sie? Mit der Selbstübung am Ende von Kapitel 2.4 haben wir hierfür bereits die Grundlagen gelegt. Sie müssen nun die Fremderwartungen, die sich sicherlich großteils auf die Transporteure beziehen, auf den Kern durchdeklinieren. Was bedeuten diese Erwartungen für Ihren Kern, also Ihr Wissen, Ihre Stärken und Fähigkeiten und Ihre Werte?

Abb. 13
Bestimmung Ihres Ich-Faktors

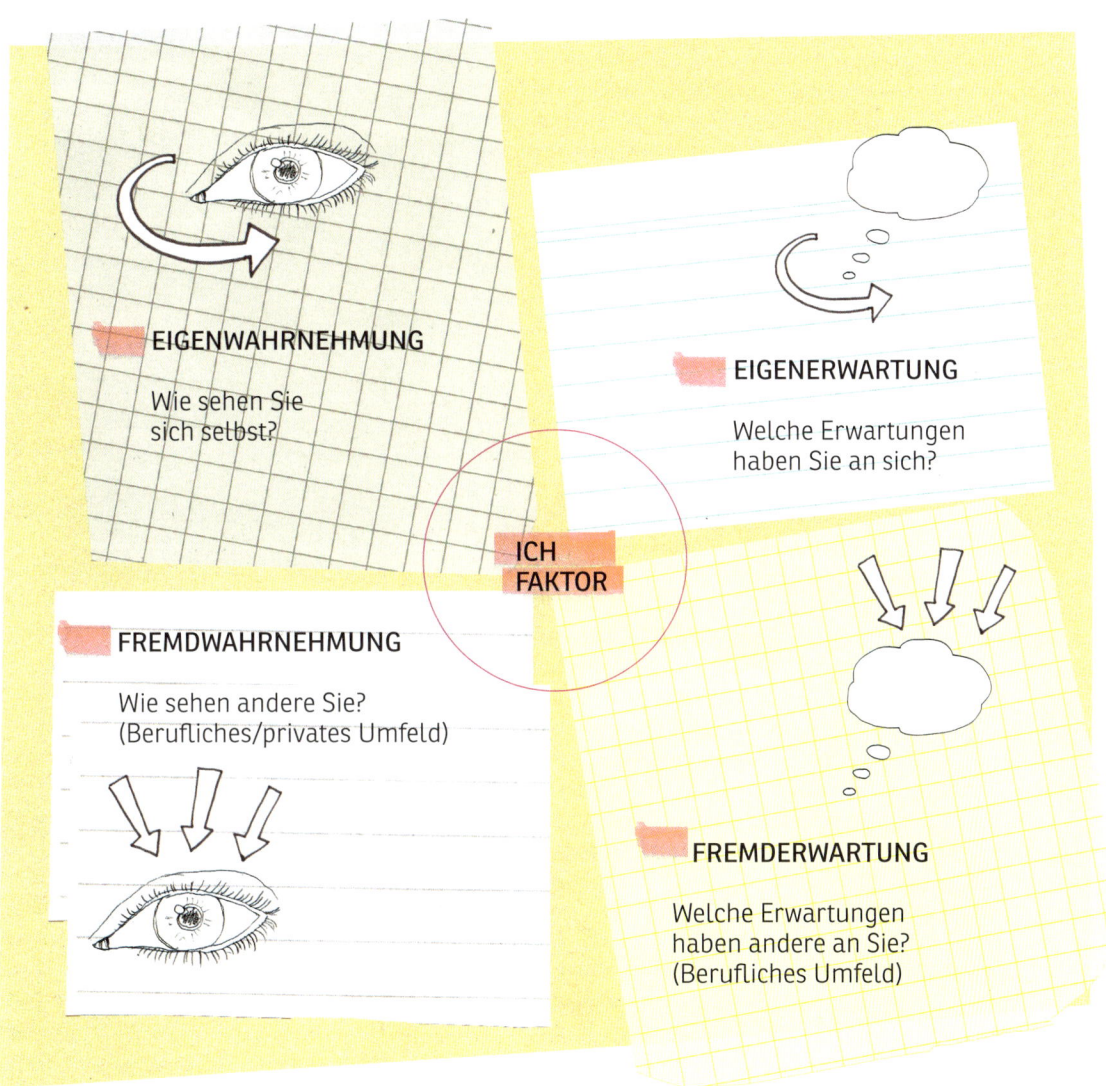

Nachdem Sie nun diese vier Einzelperspektiven (Eigen- und Fremdwahrnehmung, Eigen- und Fremderwartung) erarbeitet haben, wollen wir in einem zweiten Schritt diese Einzelsichtweisen zusammenfügen – wie in Abbildung 13 angedeutet. Inwiefern decken sich die vier Sichtweisen? Je stärker sich die vier Sichtweisen überlappen, desto stärker ist Ihr Ich-Faktor. Echte Probleme entstehen dann, wenn ein oder zwei Kreise nahezu keine Schnittmenge mit den anderen Kreisen haben. Nehmen wir beispielsweise an, Ihre Eigenwahrnehmung hätte keinerlei Überschneidung mit der Fremdwahrnehmung, d. h., Sie sehen sich selbst ganz anders als Ihr Umfeld. Dann hätten Sie ein großes Problem und sicher auch viele Probleme am Arbeitsplatz. In einer Ursachenanalyse müsste dann festgestellt werden, warum das so ist. Senden Ihre Transporteure völlig falsche Signale aus oder ist das, was Sie als Ihre Eigenwahrnehmung angegeben haben, vielleicht eher Ihre eigene Wunscherwartung bezüglich Ihrer Person?

Nehmen wir als zweites Beispiel an, dass Ihre Eigenerwartungen und die Fremderwartungen keinerlei Überschneidungen haben. Dies kann der Fall sein, wenn Sie für sich eine ganz andere Entwicklung planen als Ihr Chef. In solchen Fällen bedeutet das für Sie, dass Sie sich entscheiden müssen, ob Sie Ihren Erwartungen entsprechen wollen und dafür wahrscheinlich in diesem Fall eine berufliche Veränderung brauchen oder ob Sie Ihre eigenen Erwartungen revidieren oder zurückstellen wollen. Nehmen wir an, Sie arbeiten heute als Sekretärin. Ihr Chef schätzt Ihre hervorragende Arbeit und würde gerne bis zu seiner Pensionierung mit Ihnen als Sekretärin zusammenarbeiten. Sie denken, dass Sie mehr Potenzial haben, und möchten sich in Richtung einer echten Assistentin mit mehr Verantwortung und vielfältigeren Aufgaben weiterentwickeln. Es liegt an Ihnen, was Sie aus einer solchen Situation machen! In Abbildung 14 ist ein Beispiel für die vier Sichtweisen für einen Berater dargestellt. Wir sehen in diesem Beispiel eine recht hohe Überlappung der vier Sichtweisen und haben damit einen mittelhohen Ich-Faktor.

Abb. 14
Beispiel für die Ermittlung
eines Ich-Faktors

EIGENERWARTUNG	EIGENWAHRNEHMUNG	FREMDWAHRNEHMUNG	FREMDERWARTUNG
Analytische Fähigkeiten	Analytische Fähigkeiten	Analytische Fähigkeiten	Hohe Qualität der Arbeit (gute Analyse, schnell konkrete Handlungs-empfehlungen)
Schneller Denker	Schneller Denker	Schneller Denker	
Motivations-/ Begeisterungsfähigkeit			Kommunikationsfähig-keiten, inkl. Motivations-/Begeisterungsfähigkeit
Deutsch, Englisch und Spanisch	Deutsch und Englisch	Deutsch und Englisch	Deutsch, Englisch und Spanisch
BWL (v. a. Produktion, Logistik, Organisation)	BWL (v. a. Produktion, Logistik, Organisation)	BWL-Grundlagen (v. a. Logistik, Organisation)	BWL (v. a. Produktion, Logistik, Organisation)
Mehr technische Kenntnisse			Technisches Grundverständnis
Wahrhaftigkeit (Integrität)	Wahrhaftigkeit (Integrität)	Wahrhaftigkeit (Integrität)	Wahrhaftigkeit (Integrität)
Erfolgsorientierung	Erfolgsorientierung	Erfolgsorientierung	Erfolgsorientierung
Zuverlässigkeit	Zuverlässigkeit	Zuverlässigkeit	Zuverlässigkeit
+ Schutz der Erde		Ergebnisorientierung	Ergebnisorientierung

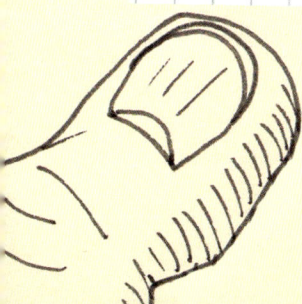

 STÄRKEN / FÄHIGKEITEN

 WISSEN

 WERTE

An diesem letzten Beispiel zeigt sich sehr schön, dass durch die Berücksichtigung der Eigen- und Fremderwartungen eine zukünftige Dimension ins Blickfeld rückt. Wir betrachten nicht nur Ihre aktuelle Situation inklusive ihrer geschichtlichen Entstehung, sondern wir haben Ihre persönliche Zukunftsperspektive integriert. Bei den meisten Menschen werden wir zwischen den vier Sichtweisen eine erhebliche Überschneidung feststellen. Die Größe der Schnittmenge zeigt die Stärke des Ich-Faktors an. Der Ich-Faktor misst den Reifegrad einer Persönlichkeit. Eine reife Persönlichkeit ist also jemand, bei dem Eigen- und Fremdwahrnehmung eng beieinanderliegen und der weitgehend den Erwartungen entspricht. Und eine echte Persönlichkeit kann jeder werden!

Die vier Sichtweisen werden sich nur bei ganz wenigen Menschen komplett überlappen. Das ist auch gut so. Denn sonst fehlen uns z. B. das Weiterentwicklungspotenzial und die eigenen Ziele, die uns unsere Eigenerwartungen vorgeben. Diskrepanzen zwischen Eigen- und Fremdwahrnehmung sollten wir nutzen, um einerseits unsere Eigenwahrnehmung kritisch auf ihre Realitätsnähe zu überprüfen und andererseits durch gezieltes Selbstmarketing die Fremdwahrnehmung entsprechend zu beeinflussen. In der Selbstübung sind Sie nun eingeladen, Ihren Ich-Faktor zu ermitteln.

SELBSTÜBUNG
BESTIMMUNG IHRES ICH-FAKTORS

1. Bestimmen Sie die vier Sichtweisen Eigen- und Fremdwahrnehmung sowie Eigen- und Fremderwartung bezüglich Ihrer Person, und zwar für alle drei Elemente Ihres Ich-Marken-kerns (Fähigkeiten/Stärken, Wissen und Werte). Abbildung 14 zeigt Ihnen ein Beispiel dazu.

_____

_____

_____

_____

_____

_____

_____

_____

2. Wie können Sie Ihren Ich-Faktor erhöhen? Legen Sie konkrete Maßnahmen fest und priorisieren Sie diese!

_____

_____

_____

_____

_____

_____

_____

_____

_____

„Wir müssen das, was wir denken,
auch sagen. Wir müssen das, was
wir sagen, auch tun. Wir müssen
das, was wir tun, dann auch sein."

Alfred Herrhausen

3 MARKETING FÜR DIE ICH-MARKE

So werden Sie und Ihre Arbeit positiv wahrgenommen
Wann haben Sie zuletzt gegenüber Kollegen und Ihrem Chef positiv von Ihrer Arbeit und dem, was Sie leisten, gesprochen?

Nachdem wir nun im vorangegangenen Kapitel Ihren Markenkern bestimmt haben und erarbeitet haben, wie eine Ich-Marke entsteht, wollen wir uns nun dem Marketing zuwenden. Viele weisen das von sich – gemäß dem Motto: Meine Arbeit spricht für mich. Ich gehörte auch zu dieser Fraktion. Ich erinnere mich noch an ein Interview, in dem ich gefragt wurde, was jemand machen muss, um erfolgreich zu sein, und ich antwortete: „Gute Arbeit" und auf die Rückfrage „Sonst nichts?" sagte ich: „Sonst nichts." Das ist natürlich Quatsch! Erst rückblickend ist mir klar geworden, dass ich neben meiner guten Arbeit zwei weitere wichtige Stützen hatte: Ich rede immer mit, habe immer gerne die Präsentation von Ergebnissen, Projekten usw. übernommen und ich hatte Chefs, die mich gefördert haben. Ich habe also intuitiv viel Eigenmarketing betrieben. Nicht so systematisch, aber es hat funktioniert.

Es geht in diesem Kapitel darum, dass Sie für sich die richtige Form finden, wie Sie über Ihre Arbeit reden und berichten. Ich hatte einmal mit einer Seminarteilnehmerin eine heftige Diskussion über die Bedeutung von Marketing. Sie fand es schlichtweg fürchterlich, wie ihre männlichen Kollegen herumlaufen, sich selbst auf die Schulter klopfen und jedem erzählen, was für tolle Kerle sie seien. Wir sind nach einer intensiven Diskussion zu dem Ergebnis gekom-

men, dass negative Beispiele für das Selbstmarketing noch lange kein Grund sind, selbst kein Selbstmarketing zu betreiben. Sondern es geht darum, einen eigenen Weg zu finden, mit dem man sich selbst wohlfühlt und der aber auch geeignet ist, uns bei unserer Zielerreichung zu helfen. Wenn ich keine Karriere machen will und für die restlichen 30 Jahre meines Berufslebens denselben Job machen will, dann kann ich auf Selbstmarketing verzichten. Doch wer garantiert Ihnen, dass Ihr Job noch 30 Jahre lang besteht? Dass Ihr Chef, der Sie kennt und Ihre Arbeit schätzt, nicht wechselt? Wenn Sie diese Garantie nicht haben, dann müssen Sie aus purem Eigeninteresse Selbstmarketing betreiben. Und Sie werden feststellen, es gibt unglaublich viele Möglichkeiten, die sehr einfach und unaufdringlich sind und trotzdem sehr erfolgversprechend. Sie müssen eben Ihren Stil, der zu Ihnen passt und damit authentisch ist, finden.

Noch ein letztes Beispiel zur Einstimmung: Ein Vorstandsmitglied eines Dax-Unternehmens erzählte mir, dass er liebend gern Frauen befördert bzw. fragt, ob Sie bestimmte Funktionen übernehmen wollen. Seine Begründung war einfach, aber auch sehr frappierend: Frauen seien sehr gute Arbeiter, machten aber selten von sich aus auf sich aufmerksam und sie würden daher viel seltener gefragt, ob sie befördert werden wollten. Das heißt, er hat ein viel größeres Reservoir an guten Frauen als an guten Männern, aus dem er schöpfen kann, weil seine Kollegen auf die guten Frauen noch nicht aufmerksam wurden. Also, treten Sie aus Ihrem Schatten und stellen Sie sicher, dass die wichtigen und richtigen Leute Sie kennen.

SELBSTÜBUNG
MARKETING FÜR DIE ICH-MARKE

Wir haben im vorhergehenden Kapitel (2.5, S. 91) Ihren USP bestimmt, das, was Sie einzigartig macht. Was bedeutet Ihr USP für Ihre Transporteure? Überlegen Sie für jeden Transporteur (Sprache, Stimme, Körperhaltung, Aussehen, Mimik, Gestik, Accessoires und Verhalten – siehe Abbildung 3), wie Sie hier geschickt und authentisch Ihren USP transportieren können.

3.1 KEINE SELBSTSABOTAGE

Sprechen oder schweigen, tun oder lassen – jeder Kontakt prägt Ihr Markenbild
Gab es kürzlich für Sie eine Situation, in der sie einen völlig falschen und schlechten Eindruck gemacht haben? Warum?

Kennen Sie die Reaktion von kleinen Kindern, wenn ihnen etwas unangenehm ist? Sie verstecken sich hinter den Beinen der Mama oder halten sich die Augen zu – gemäß dem Motto: „Ich sehe dich nicht, ich bin nicht da." Bei manchen Erwachsenen hat man den Eindruck, sie haben dieses kindliche Verhalten nie abgelegt. Sie machen sich klein, schauen zu Boden und reden nicht – gemäß dem Motto: „Ich bin nicht da." Doch Sie sind da! Und Sie hinterlassen immer Spuren und Eindrücke: Wenn Sie Menschen fröhlich und freundlich begrüßen oder wenn Sie mühsam ein „Guten Morgen" dahermuffeln. Wenn Sie wunderbar aussehen oder wenn Sie völlig übermüdet daherkommen … In Abbildung 15 sind einige Beispiele gegenübergestellt.

Nun ist der Eindruck, den wir erwecken, nicht immer der richtige – es mag sich um eine Ausnahmesituation handeln. Dann sind Sie so frei und stellen das klar. Beispiel: Sie hatten einen Fahrradunfall und Ihr rechter Arm ist gebrochen und im Gesicht haben Sie auch noch einige sichtbare Kratzer. Sie kommen trotzdem ins Büro, um einen wichtigen Kundenbesuch zu empfangen. Am besten stellen Sie von vornherein die Situation klar. Zum Beispiel mit: „Ich muss Sie heute mit links begrüßen – ich habe mir leider den rechten Arm gebrochen. Und entschuldigen Sie bitte mein Aussehen – das sind noch Spuren eines Fahrradunfalls. Da wir den Termin schon so lange vereinbart haben und ich mich sehr freue, dass es mit dem Treffen nun klappt, wollte ich den Termin nicht verschieben …" Und Sie werden sehen, dann werden Sie auch bei einer solchen Situation einen guten Eindruck hinterlassen. Oder Sie halten einen Vortrag über professionelles Auftreten und erscheinen selbst in Jeans und zerknitterter Jacke. Dann erklären Sie bitte, dass Sie direkt aus den USA zurückkommen und die Fluggesellschaft leider Ihr Gepäck verloren hat. Da Sie aber pünktlich beginnen wollten, konnten Sie nicht noch schnell einen neuen Anzug kaufen. Sie bitten also das Publikum, Ihnen Ihre „unprofessionelle" Kleidung zu entschuldigen, aber Sie haben natürlich einen professionellen Vortrag dabei, den Sie nun zum Besten geben.

Abb. 16:
Transporteure als Saboteure

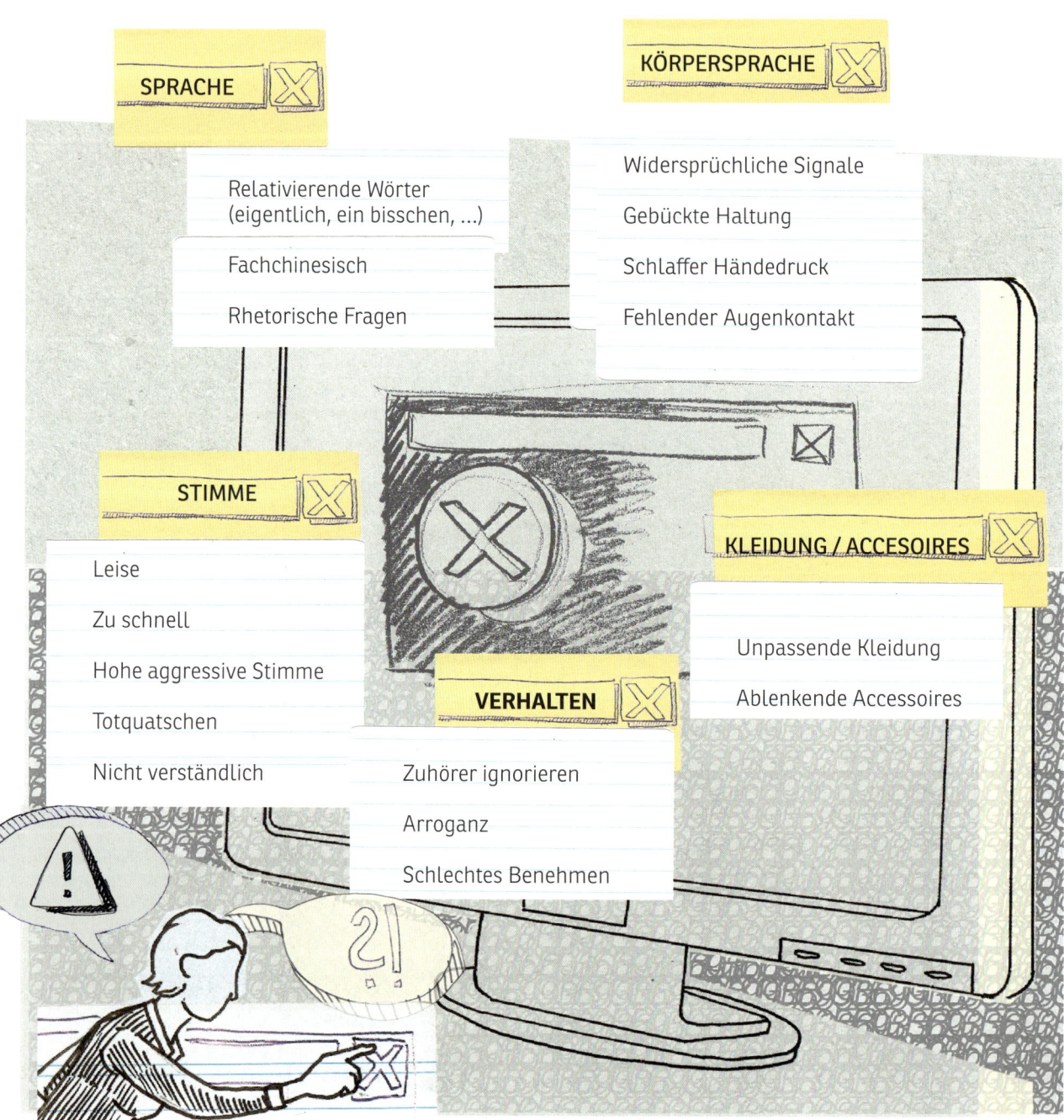

SPRACHE ☒

Relativierende Wörter
(eigentlich, ein bisschen, ...)

Fachchinesisch

Rhetorische Fragen

KÖRPERSPRACHE ☒

Widersprüchliche Signale

Gebückte Haltung

Schlaffer Händedruck

Fehlender Augenkontakt

STIMME ☒

Leise

Zu schnell

Hohe aggressive Stimme

Totquatschen

Nicht verständlich

KLEIDUNG / ACCESOIRES ☒

Unpassende Kleidung

Ablenkende Accessoires

VERHALTEN ☒

Zuhörer ignorieren

Arroganz

Schlechtes Benehmen

Nutzen Sie immer die Möglichkeit, wenn Ihr Verhalten, Ihr Auftreten von Ihrem „normalen" Erscheinungsbild abweicht, dieses zu erklären. In aller Regel wird Ihnen das dann auch nachgesehen. Ein schönes Beispiel erzählte einmal ein Trainer: Er hatte bei einem Folgetraining die falschen Unterlagen eingepackt – die Unterlagen für das erste Training. Zum Glück war der Trainingsort nahe am Büro. Und so überbrückte er die Viertelstunde, bis der Kurier mit den richtigen Unterlagen eintraf, mit den alten Unterlagen, indem er den Seminarteilnehmern sagte, er werde nun noch einmal als Einstieg in das heutige Seminar kurz den Inhalt des ersten Seminars wiederholen. Schön, wenn man Fehler so schön umschiffen kann. Manchmal lässt Sie auch die Technik im Stich, auch dann müssen Sie das Beste aus der Situation machen. So stand ich kürzlich bei einem zweitägigen Seminar völlig ohne Beamer da. Da ich das Tagungshotel kannte und bisher mein Laptop dort immer zuverlässig funktioniert hatte, habe ich dummerweise meine Unterlagen nicht zusätzlich auf einem Memorystick gespeichert gehabt. Prompt funktionierte die Verbindung zwischen meinem Computer und dem Beamer nicht. Und der Techniker, der mir helfen wollte, legte dann auch noch meinen Rechner lahm, sodass ich nicht einmal die Unterlagen auf einen anderen externen Stick kopieren konnte. Allerdings hatte ich auch keine Lust, Stunden mit der Technik zu verlieren. Ich habe den Beamer ausgeschaltet und für die restlichen zwei Tage ausgeschaltet gelassen und habe die Unterlagen genutzt, die ich an die Teilnehmerinnen verteilt hatte. Da wir sehr viel übten und immer nur kurze Theoriezwischenstücke hatten, hat das Ganze auch gut funktioniert – über 50 % der Teilnehmer fanden das Seminar trotzdem exzellent, der Rest „nur" sehr gut.

Sind Sie sich also bewusst: Wahrnehmung ist immer da! Sie können weder unsichtbar sein noch Ihren Eindruck oder Ihr Auftreten vergessen machen! Also nutzen Sie folgende ISA-Regel:

I Immer einen guten Eindruck machen.

S Sofort falsche Eindrücke korrigieren.

A Aus Fehlern lernen.

Und beherzigen Sie die Reihenfolge von ISA. Versuchen Sie immer, zuallererst einen guten Eindruck zu machen. Dazu gehört die Beherrschung von Anstandsregeln, das professionelle Auftreten usw. Und wenn dann doch Abweichungen vorkommen, klären Sie diese sofort auf. Nicht am Ende des Gespräches, sondern gleich zu Beginn. Und wenn doch einfach einmal etwas komplett schiefgeht? Dann nehmen Sie sich bitte die Zeit und analysieren, warum etwas schiefgegangen ist und was Sie in dieser Situation hätten anders machen können, um sie zu retten. Leiten Sie für sich daraus ab, was Sie zukünftig anders machen werden, um so etwas zu verhindern. Ganz gemäß dem chinesischen Sprichwort „Fehler zu machen ist menschlich, aber nicht aus Fehlern zu lernen ist Dummheit."

Nachdem wir nun geklärt haben, dass es „Nichtmarketing" gar nicht gibt, sondern jede Begegnung mit uns immer genutzt wird, um das Bild über uns zu ergänzen und zu festigen, möchte ich nun Ihren Blick auf die Saboteure lenken, die, wie das Wort schon sagt, unseren guten Eindruck sabotieren. Und davon gibt es unglaublich viele. Bei der Vorstellung der Transporteure in Kapitel 2 haben wir bereits einige Möglichkeiten der Sabotage, z. B. bei der Sprache oder auch der Körpersprache, besprochen. Dieses Kapitel will einen kurzen, aber umfassenden Überblick über die verschiedenen Möglichkeiten der Selbstsabotage geben. Bei allen Transporteuren unserer Marke kann Sabotage stattfinden. Abbildung 16 zeigt einige typische Beispiele.

Versuchen Sie mal in einer Diskussion zu zählen, wie häufig Sie und Ihre Kollegen das relativierende Wörtchen „eigentlich" benutzen. In aller Regel werden Sie sehr erstaunt sein, wie oft dieses Wörtchen sich einschleicht und das soeben Gesagte relativiert. Wenn etwas eigentlich eine gute Idee ist – ist es nun eine gute Idee oder nicht? Relativierende Wörter und Wörtchen gibt es viele, z. B. ziemlich, ein bisschen, vielleicht, ich denke usw. Sehr verbreitet ist es auch, Konjunktiv anstelle von Präsens zu nehmen. Zum Beispiel: „Ich hätte da noch eine gute Idee" anstelle von „Ich habe da noch eine gute Idee" oder „Es wäre zu überlegen" anstelle von „Wir sollten überlegen" oder „Ich würde vorschlagen" anstelle von „Ich schlage vor" usw. Der Konjunktiv wird grammatikalisch richtigerweise nur dann verwendet, wenn wir eine Irrealität, eine Bedingung oder einen Wunsch beschreiben. Achten Sie mal darauf, wie häufig dieser Konjunktiv auftaucht.

Manche Menschen haben für sich das Stilmittel der rhetorischen Fragen entdeckt. Doch eine rhetorische Frage ist qua Definition überflüssig. Sie ist keine echte Frage, da wir ein Ja erwarten – ein Nein bringt uns in richtige Schwierigkeiten. Beispiel: Sie sagen: „Das ist doch echt eine gute Idee, oder nicht?" Wenn hier ein Nein als Antwort kommt, dann haben Sie ein richtiges Problem. Und dieses „oder nicht" schwächt Ihre Aussage ab – Sie sind sich wohl doch nicht ganz sicher, ob es sich um eine gute Idee handelt. Am besten verbannen Sie solche rhetorischen Fragen aus Ihrem Sprachschatz!

Der dritte sprachliche Saboteur – das Fachchinesisch – ist nicht auf den ersten Blick als solcher zu enttarnen. Bei manchen Menschen habe ich den Eindruck, sie meinen, mit viel Fachchinesisch Eindruck machen zu können. Doch wie soll jemand beurteilen, ob sie wirklich gut sind, wenn er sie nicht versteht? Stellen Sie sicher, dass Sie verstanden werden. Wenn Sie meinen, wenn Sie die Fachbegriffe nicht verwenden, würden Sie als nicht kompetent wahrgenommen werden, dann sagen Sie es doch einfach doppelt, zuerst in der Fachsprache und dann sagen Sie es nochmals mit einfachen, normalen Worten für die Nichtfachexperten. Natürlich hängt die adäquate Sprache von der jeweiligen Situation ab. Wenn Sie auf einer Fachkonferenz einen Fachvortrag halten, verwenden Sie selbstverständlich Ihr Fachvokabular. Wenn Sie aber Ihr Fachgebiet einem Stiftungskuratorium vorstellen und Gelder einwerben wollen oder Sie müssen als Finanzbeamter einem Handwerksmeister erklären, warum Sie Teile seiner Kosten nicht als Betriebsausgaben anerkennen können, oder Sie müssen als Arzt einem Patienten die Diagnose erklären, dann sollten Sie sicherstellen, dass Sie verstanden werden.

Neben der Sprache kann auch unsere Stimme als Saboteur auftreten. Wenn ich einen Redner nicht verstehe, weil er zu leise oder zu schnell spricht, dann kann der Redebeitrag noch so brillant gewesen sein, ich kann es nicht beurteilen. Natürlich ist die Wirkung von leise sprechen und nicht verstanden werden eine andere wie von schnell sprechen und nicht verstanden werden, das haben wir bereits in Kapitel 2.2.2 erörtert. Aber in beiden Fällen konnte der Inhalt nicht transportiert werden. Schwerlich überzeugen lassen wir uns auch, wenn die Stimme des Gegenübers für uns sehr unangenehm, weil schrill, zu hoch, zu laut usw. ist. Hier bauen wir automatisch Barrieren auf und prüfen den Inhalt sehr kritisch, da es uns unsympathisch daherkommt. Die große Bedeutung eines positiven und guten Gesprächsklimas werden wir in Kapitel 3.3 noch näher beleuchten.

Eine weitere Möglichkeit, Ihre guten Inhalte zu sabotieren, ist es, wenn Sie aggressiv oder arrogant wirken. Automatisch entsteht dann bei den allermeisten Zuhörern der Wunsch, den Redner zu widerlegen und die Schwachstellen der Argumentation zu entdecken. In aller Regel hören wir dann nicht mehr zu, sondern suchen in einem selektiven Vorgehen nur noch die Dinge heraus, die uns in unserer Ablehnung bestätigen. Dieselbe Reaktion wird ausgelöst, wenn uns jemand „totquatschen" will. Wir fühlen uns an die Wand gedrängt und reagieren ablehnend. Wie sieht also eine gute Argumentation aus? Bringen Sie Ihre guten Argumente vor, wiederholen Sie sie ruhig noch ein- oder zweimal mit anderen Worten – Sie müssen ja sichergehen, dass Ihre Botschaft auch verstanden wurde, aber dann vertrauen Sie auf die Kraft Ihrer Argumente und Worte und lassen den Punkt so stehen. Alles Wichtige ist gesagt. Menschen, die andere sozusagen an die Wand reden, glauben weder, dass sie selbst eine gute Argumentation haben – denn sonst ließe sich das Ganze viel kürzer sagen –, noch haben sie eine hohe Meinung von ihrem Gegenüber. Vielmehr entsteht der Eindruck, dass das Gegenüber für ziemlich dumm gehalten wird, denn es muss ja alles ausführlich und langatmig dargelegt werden. Fragen und Einwände des Gegenübers werden nicht zugelassen – dieser ist ja dumm. Sollten Sie selbst mit einem solchen „Ewig-Redner" konfrontiert sein, unterbrechen Sie ruhig und weisen ihn darauf hin, dass seine Gedanken wohl noch nicht klar geordnet sind, wenn er so lange braucht, um sie darzulegen, oder fragen Sie ihn, warum er sich ausgerechnet die Zeit nimmt, Ihnen das alles zu erklären, wo doch Ihre Meinung ihm völlig egal zu sein scheint, da er Sie nicht zu Wort kommen lässt.

Neben Sprache und Stimme kann auch unsere Körpersprache unsere Botschaft sabotieren. Eine großartige Idee, die ohne leuchtende Augen vorgetragen wird, leuchtet nicht und ist daher nicht großartig. Ein guter Vorschlag zur Strukturierung eines Projektes, der mit leiser, stotternder Stimme vorgetragen wird, hat kaum Chancen auf Durchsetzung, mag er noch so gut sein. Wenn derselbe Vorschlag von einer zweiten Person aufgegriffen wird und nur mit anderer Stimme vorgetragen wird, wird er plötzlich zum guten Vorschlag. Und der erste Redner zieht sich dann meistens schmollend zurück und denkt: „Mich mag keiner und mich versteht keiner." Letzteres stimmt – keiner hat ihn verstanden, weil er die Großartigkeit seiner Idee nicht sprachlich und stimmlich ausgedrückt hat und die Körpersprache andere Signale aussandte. Eine gute Idee braucht wie eine Ich-Marke eben immer auch adäquate Transporteure, um als solche erkannt und aufgegriffen zu werden. Körpersprache ist immer dann, aber auch nur dann ein Problem, wenn die Gesamtheit der Signale im Widerspruch zu inhaltlichen Aussagen steht. Daher ist es so wichtig, eine Basishaltung zu beherrschen, die im Zweifelsfall einfach sicherstellt, dass Sie Ihre Argumentation gut transportieren können und Ihnen die Körpersprache keinen Streich spielt.

Bei Kleidung und Accessoires sind zwei Dinge zu bedenken: Die Kleidung sollte passend sein und die Accessoires sollten nicht zu sehr ablenken. Das ZDF hat für die Moderatorinnen im neuen Nachrichtenstudio festgelegt, dass sie keinen Schmuck mehr tragen dürfen, da dieser ablenkend wirken kann. Eine unpassende Kleidung führt zu Irritationen und untergräbt Ihren Inhalt. Wenn ich als Vertriebsmitarbeiter einer erfolgreichen Firma agiere und mich selbst als erfolgreich darstelle, dann werden auch ein schönes Auto und ein gepflegtes Äußeres erwartet. Oder denken Sie an Ihren Friseur. Haben Sie zu einem Friseur Vertrauen, der selbst und dessen Kollegen im Friseursalon sehr ungepflegt aussehen?

Zu guter Letzt kommt es natürlich auch auf Ihr Verhalten an. Nehmen wir an, Sie haben eine Operation vor sich und Sie haben die Auswahl zwischen zwei Chirurgen. Der eine macht einen selbstsicheren Eindruck, hört Ihnen zu und beantwortet Ihre Fragen, der andere wirkt eher arrogant, gemäß dem Motto „Ich bin der Guru" und tut Ihre Fragen mit einem „Verlassen Sie sich mal auf mich, ich weiß, was ich tue" ab. Wem von beiden vertrauen Sie mehr?

Mangelnde Glaubwürdigkeit, fehlendes Vertrauen, Arroganz usw. sabotieren jeden Inhalt, ebenso nicht erfüllte Erwartungen. Auch die Erfahrungen mit Ihnen in der Vergangenheit spielen eine Rolle: Wenn sich Ihre Ideen in der Vergangenheit häufig als Luftschlösser entpuppten, Ihre Zahlen nicht immer stimmten, werden auch neue Ideen schnell in die Schublade „weiteres Luftschloss" oder unseriös einsortiert.

Nachdem wir nun besprochen haben, dass jedes Verhalten Marketing ist – sei es positives oder negatives Selbstmarketing –, wollen wir nun, bevor wir uns überlegen, wie ein gutes Marketing aussieht, noch über den Kern des Marketings klar werden.

SELBSTÜBUNG
IDENTIFIZIERUNG VON SABOTEUREN

Nehmen Sie eine Situation, in der Sie sich kürzlich nicht durchsetzen konnten.

1. Analysieren Sie rückwirkend, welche Saboteure Ihnen in dieser Situation einen Streich gespielt haben.

_____

_____

_____

_____

_____

_____

_____

2. Leiten Sie für sich daraus drei Dinge (z. B. bezüglich Sprache, Auftreten, Vorbereitung) ab, die Sie beim nächsten Mal besser machen werden.

_____

_____

_____

_____

_____

_____

_____

_____

_____

3.2 ICH BIN ICH

Sorgen Sie dafür, dass Sie Ihren USP erhalten

*Was haben Sie in den vergangenen zwölf Monaten unternommen, um Ihren USP zu pflegen?
Haben Sie an sich selbst gearbeitet, z. B. Seminare besucht, Bücher gelesen oder sich in neue
Gebiete eingearbeitet?*

Am Ende von Kapitel 2 haben Sie Ihren Ich-Faktor und Ihren USP bestimmt. Bevor wir uns nun überlegen, wie Sie sich selbst gut darstellen können und gleichzeitig sicherstellen, dass Ihnen niemand die Butter vom Brot nimmt, müssen wir noch überlegen, was Sie für Ihr Ich tun. Unser beruflich notwendiges Wissen veraltet heute relativ schnell, d. h., das, was wir vor vielen Jahren gelernt haben, ist heute wahrscheinlich nicht mehr aktuell. Also müssen wir uns regelmäßig weiterbilden, um über aktuelles Wissen zu verfügen, z. B. Computerprogramme, Steuergesetze, rechtliche Vorgaben, Managementmethoden usw. Neben der Pflege unseres USP müssen wir auch dafür sorgen, dass sich unser USP entfalten kann. Wenn Sie hervorragend mit Menschen umgehen können, werden Sie in der Buchhaltung kaum Gelegenheit haben, das zu zeigen. So könnte es für Sie z. B. sinnvoll sein, nach einer Position in der Buchhaltung zu suchen, die Kontakt mit Menschen hat. Eine Möglichkeit wäre, wenn Sie Ansprechpartner für die Kunden bei Fragen zu Rechnungen sind oder Sie sich Richtung Innendienst als Partner des Vertriebes orientieren. Sie müssen also in doppelter Weise Ihren USP pflegen: Sorgen Sie dafür, dass Sie Ihre Stärken einbringen und zeigen können, und dann pflegen Sie Ihre Stärken.

SELBSTÜBUNG
PASST IHR ARBEITSPLATZ ZU IHREN STÄRKEN? – TEIL 1

Schritt 1: Welche Ihrer (maximal drei!) Stärken können Sie heute an Ihrem Arbeitsplatz einbringen? Und wie viel Potenzial Ihrer Stärken können Sie einbringen (eher das ganze Potenzial oder könnten Sie noch viel mehr)? Eine gute Übung ist es, wenn Sie eine Woche lang jeden Abend kurz eine Stärkenbilanz ziehen, d. h. die Frage beantworten: „Welche Stärken habe ich heute wie einbringen können?"

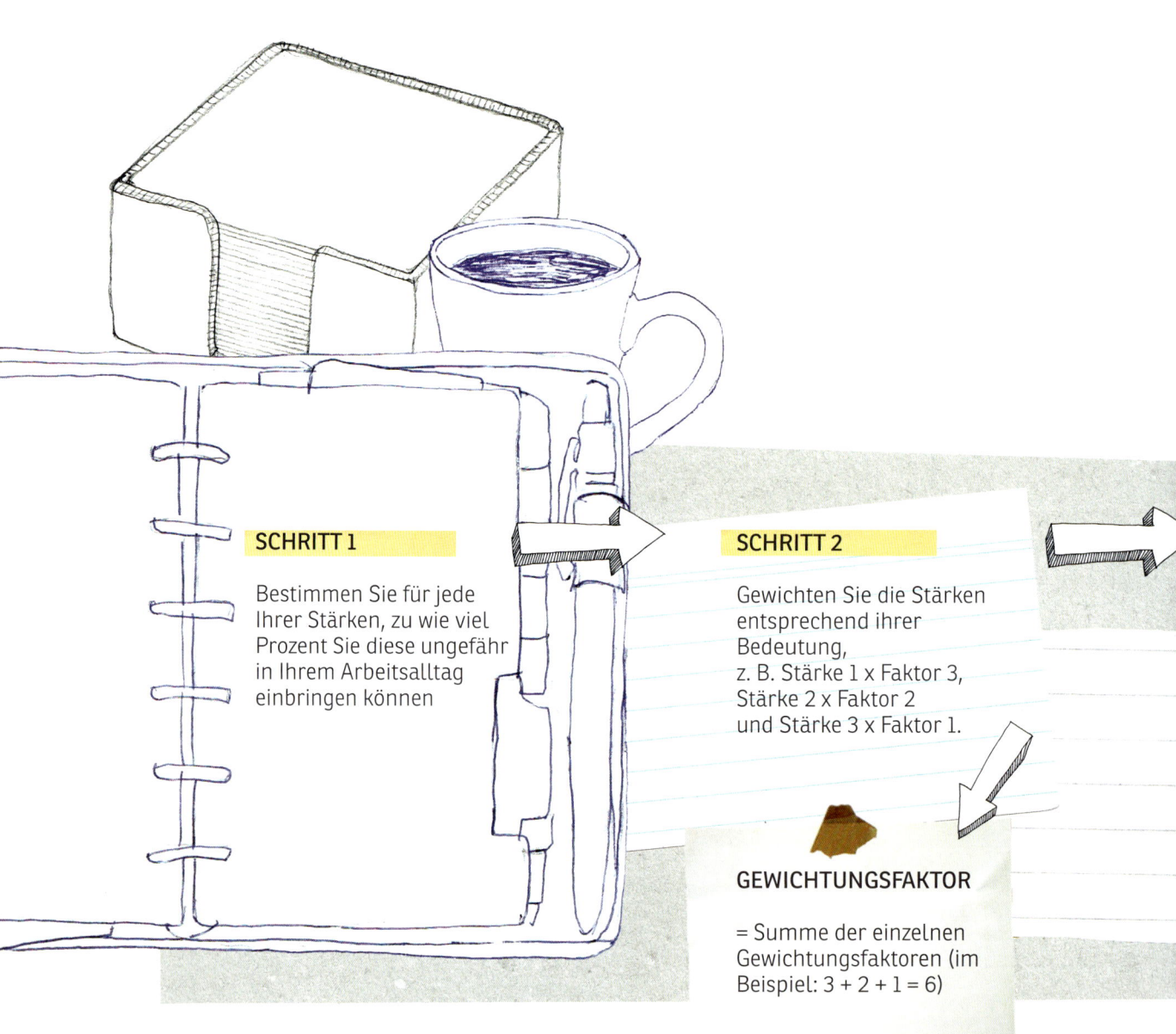

SCHRITT 1

Bestimmen Sie für jede
Ihrer Stärken, zu wie viel
Prozent Sie diese ungefähr
in Ihrem Arbeitsalltag
einbringen können

SCHRITT 2

Gewichten Sie die Stärken
entsprechend ihrer
Bedeutung,
z. B. Stärke 1 x Faktor 3,
Stärke 2 x Faktor 2
und Stärke 3 x Faktor 1.

GEWICHTUNGSFAKTOR

= Summe der einzelnen
Gewichtungsfaktoren (im
Beispiel: 3 + 2 + 1 = 6)

Bevor wir aus dieser Selbstanalyse Schlussfolgerungen ziehen, müssen wir die Einzelbeobachtungen zu einem Gesamtbild zusammenfügen. Das ist nicht schwer und auch für mathematisch nicht Geübte einfach – Abbildung 17 zeigt die vier erforderlichen Schritte. Zunächst einmal legen Sie für jede Ihrer Stärken eine Prozentzahl fest, die angibt, wie gut Sie diese Stärke an Ihrem Arbeitsplatz einbringen können. Da es sich um eine subjektive Einschätzung handelt, nutzen Sie nur die Zehnerzahlen, d. h. 10 %, 20 %, 30 % usw. – das reicht völlig aus. In einem zweiten Schritt überlegen Sie, wie gut Sie bei den einzelnen Stärken sind. Sind Sie in allen drei Stärken gleich gut, gewichten Sie alle mit dem Faktor 1. Sind Sie in einer der drei Stärken unglaublich exzellent und in den beiden anderen „nur" sehr gut, dann gewichten Sie diese Exzellenz-Stärke z. B. mit Faktor 3, d. h., diese ist dreimal wichtiger für Sie als die beiden anderen. Nachdem Sie diese Gewichtungsfaktoren festgelegt haben, multiplizieren Sie die Prozentzahlen aus Schritt 1 mit den Faktoren aus Schritt 2 und ermitteln die Summe aus den drei Ergebnissen. Am Schluss in Schritt 4 dividieren Sie diese Summe durch die Summe aller Gewichtungsfaktoren aus Schritt 2 und schon haben Sie Ihr Stärken-Einsatz-Ist ermittelt.

Abb. 17
Stärken-Einsatz-Faktor

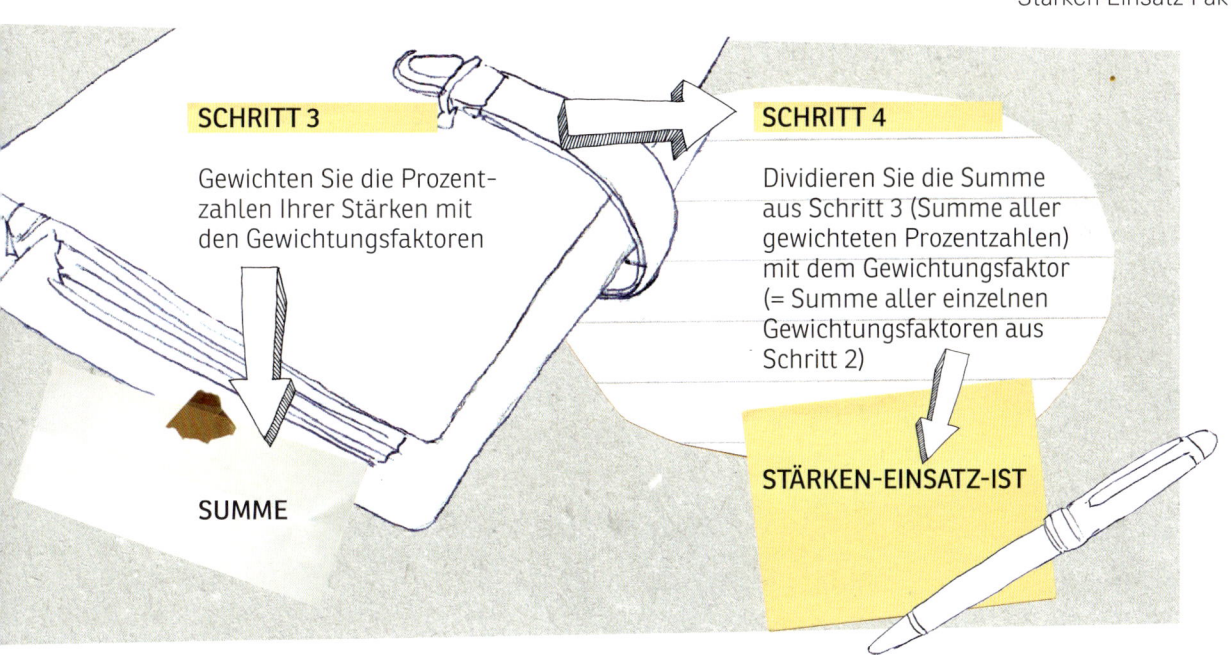

SCHRITT 3

Gewichten Sie die Prozentzahlen Ihrer Stärken mit den Gewichtungsfaktoren

SUMME

SCHRITT 4

Dividieren Sie die Summe aus Schritt 3 (Summe aller gewichteten Prozentzahlen) mit dem Gewichtungsfaktor (= Summe aller einzelnen Gewichtungsfaktoren aus Schritt 2)

STÄRKEN-EINSATZ-IST

In Abbildung 18 finden Sie ein konkretes Beispiel zur Ermittlung des Stärken-Einsatz-Ist. Zugleich zeigt diese Abbildung auch, warum es wichtig ist, die Stärken gegebenenfalls zu gewichten. Es kann sein, dass Sie von drei Stärken eine zu 100 % in Ihrer aktuellen Position einbringen können, aber wenn die beiden anderen Stärken viel wichtiger für Sie sind, dann müssen diese eben auch stärker ins Gewicht fallen.

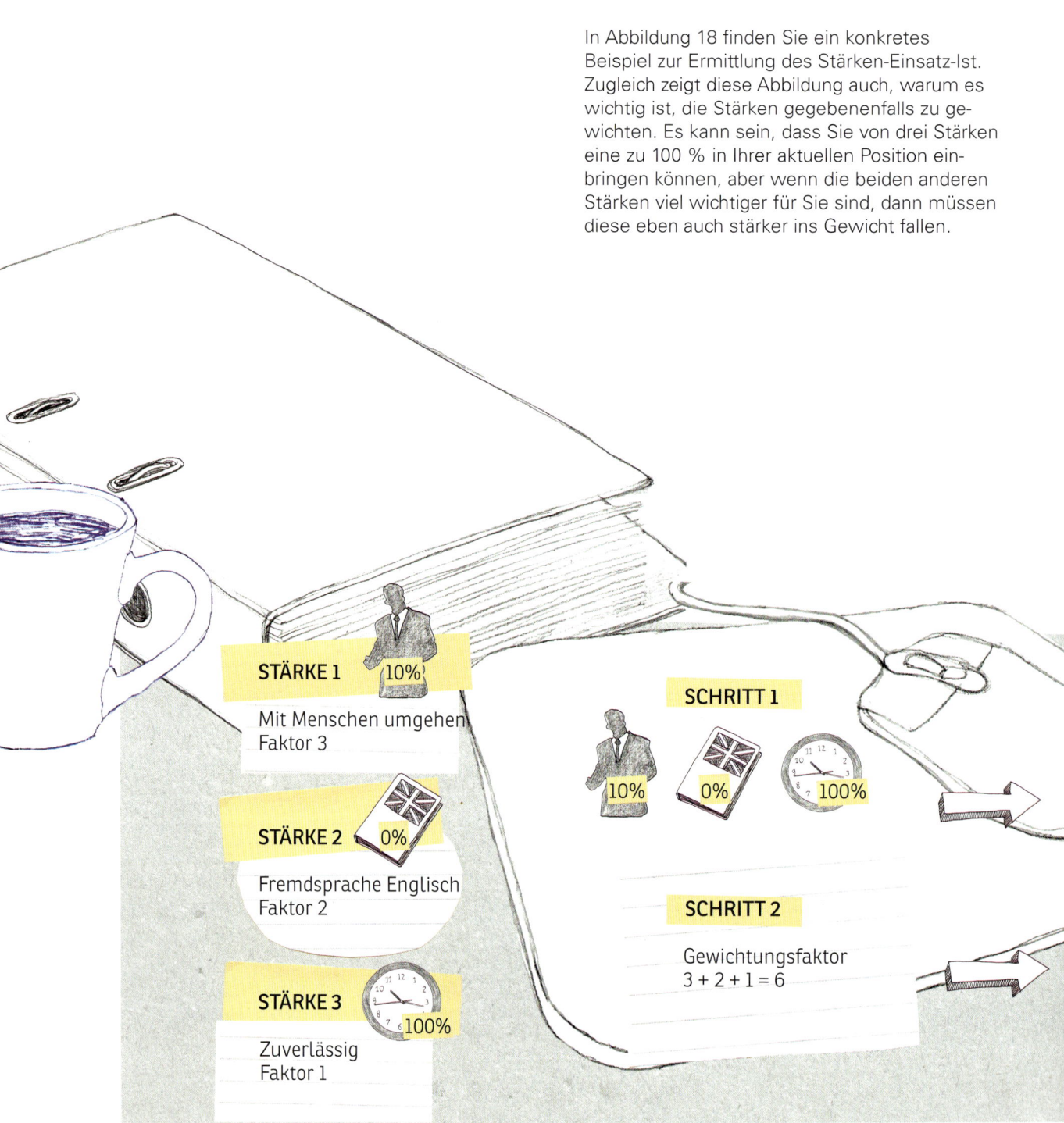

STÄRKE 1 10%

Mit Menschen umgehen
Faktor 3

STÄRKE 2 0%

Fremdsprache Englisch
Faktor 2

STÄRKE 3 100%

Zuverlässig
Faktor 1

SCHRITT 1

10%   0%   100%

SCHRITT 2

Gewichtungsfaktor
3 + 2 + 1 = 6

Aus dem Stärken-Einsatz-Ist sollten Sie sowohl für die äußeren Rahmenbedingungen als auch für Ihren eigenen Entwicklungsplan Schlussfolgerungen ziehen. Ist Ihr Faktor sehr niedrig, dann sollten Sie bitte zuerst überprüfen, ob Sie Ihre Stärken in Kapitel 2.1 richtig definiert haben. Ist es tatsächlich so, dass Ihr Stärken-Einsatz-Ist sehr niedrig ist und sich unter 30 bewegt, sollten Sie dringend auf eine berufliche Veränderung hinarbeiten, sodass Sie Ihre Stärken besser einbringen können. Dabei kann es sich um eine Veränderung in Ihrer heutigen Firma handeln oder um einen Wechsel zu einer anderen Firma. Besprechen Sie Ihren Wunsch nach Veränderung inklusive der Begründung mit Ihrem Chef bzw. Ihrer Personalabteilung und arbeiten Sie systematisch auf Veränderungen hin. Diese werden in aller Regel nicht über Nacht geschehen, aber binnen zwölf Monaten sollte es eine Veränderung

für Sie gegeben haben. Sehen Sie für sich keine Möglichkeit, dass Sie innerhalb Ihres jetzigen Arbeitgebers einen Job bekommen, bei dem Sie Ihre Stärken besser einbringen können, dann machen Sie sich bitte schnellstmöglich die Mühe, eine neue Arbeitsstelle zu finden, die Ihnen ein deutlich besseres Stärken-Einsatz-Ist erlaubt.

Dabei müssen Sie allerdings beachten, dass es wahrscheinlich nicht funktionieren wird, wenn Sie sich direkt auf eine Stelle bewerben, bei der Sie zwar Ihre Stärken einbringen können, für die Sie aber noch keine Berufserfahrung vorweisen können. Es kann also durchaus sinnvoll sein, in einer neuen Firma mit einer ähnlichen Aufgabe, wie Sie heute haben, zu beginnen (das können Sie) und sich dann von dort aus weiterzuentwickeln. Diese Weiterentwicklung sollten Sie bereits beim Einstellungsgespräch besprechen!

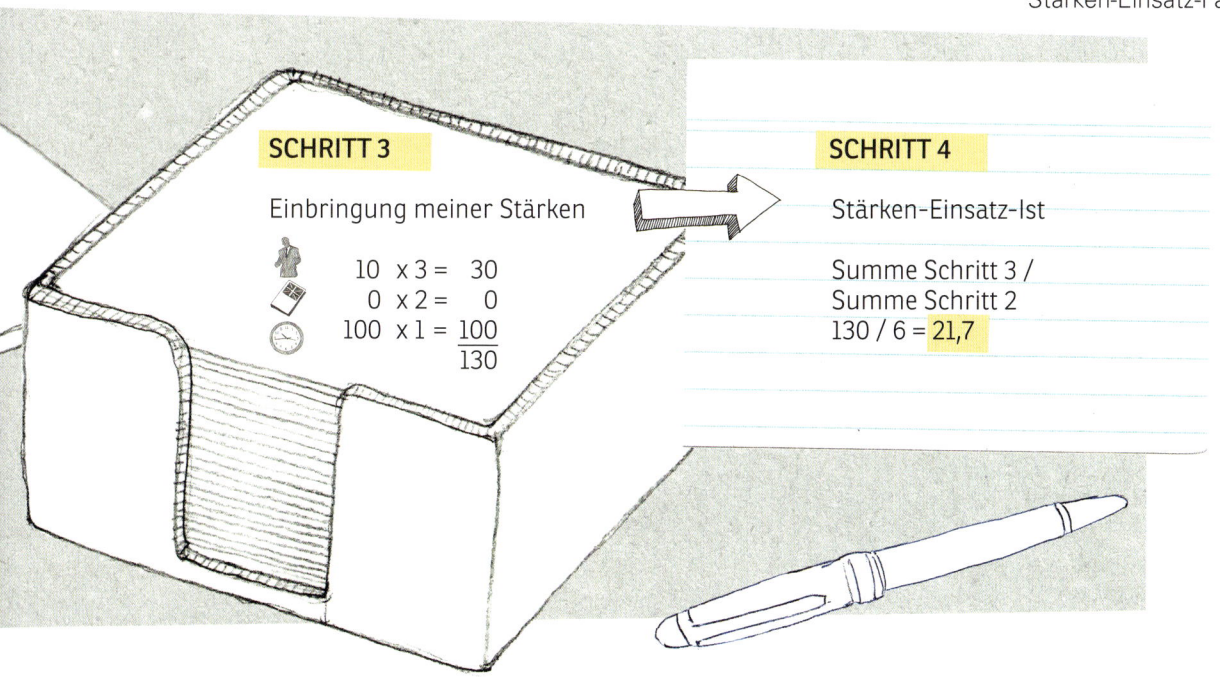

Abb. 18
Beispiel für
Stärken-Einsatz-Faktor

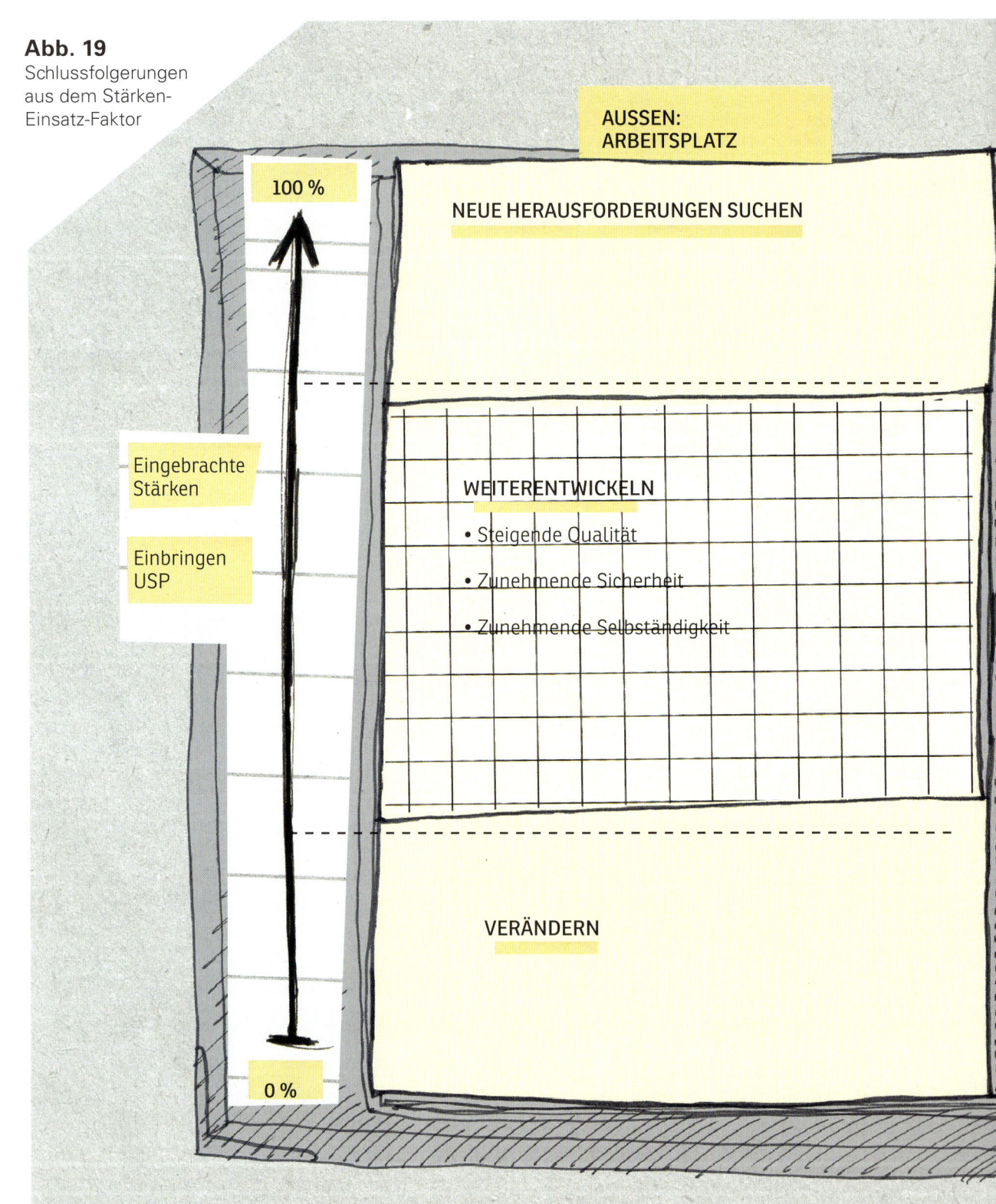

Abb. 19
Schlussfolgerungen aus dem Stärken-Einsatz-Faktor

100 %

AUSSEN:
ARBEITSPLATZ

NEUE HERAUSFORDERUNGEN SUCHEN

Eingebrachte Stärken

Einbringen USP

WEITERENTWICKELN

• Steigende Qualität

• Zunehmende Sicherheit

• Zunehmende Selbständigkeit

VERÄNDERN

0 %

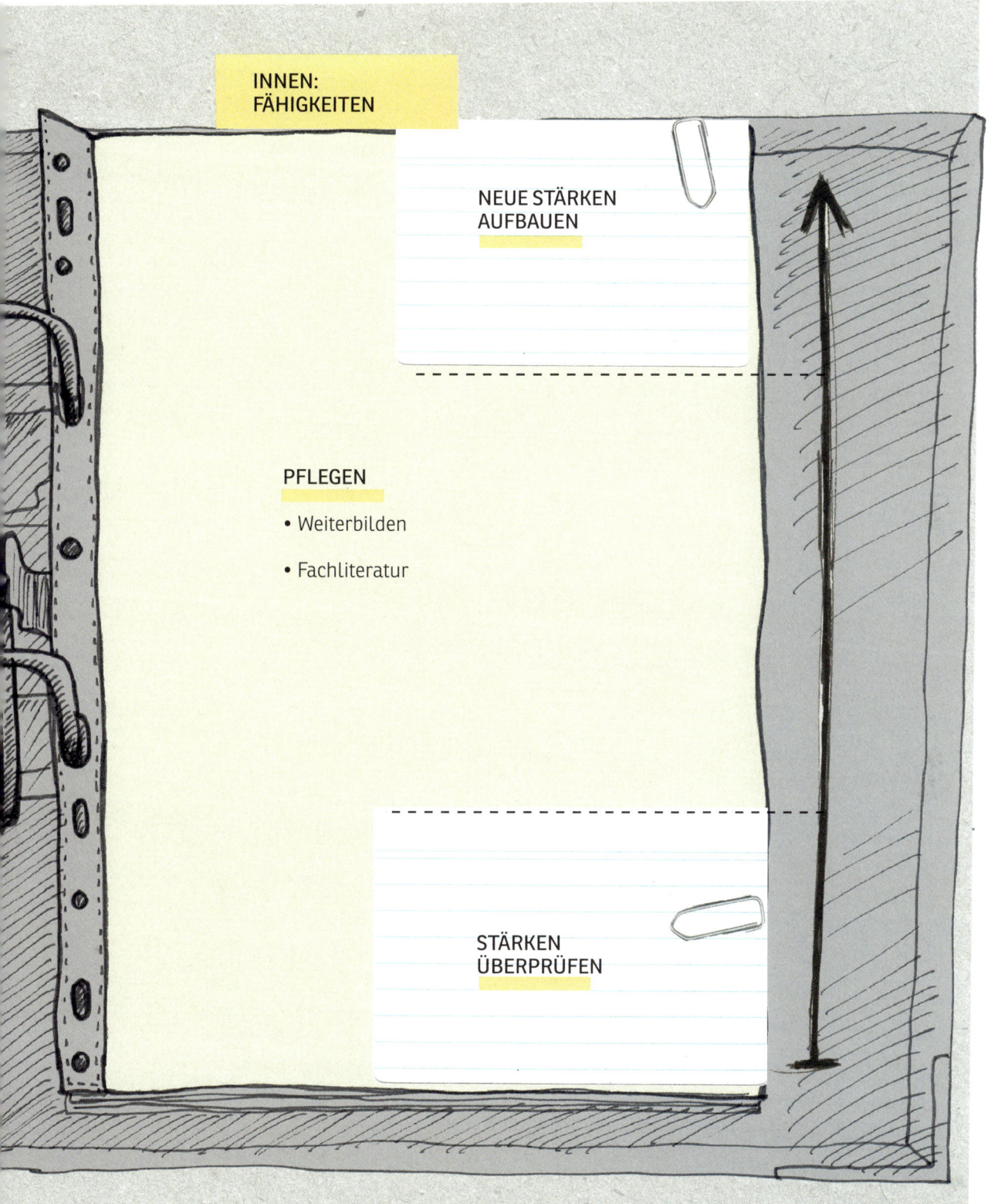

INNEN:
FÄHIGKEITEN

NEUE STÄRKEN
AUFBAUEN

PFLEGEN

• Weiterbilden

• Fachliteratur

STÄRKEN
ÜBERPRÜFEN

Haben Sie ein Stärken-Einsatz-Ist von rund 50, dann überlegen Sie, wie Sie sich innerhalb Ihrer Arbeitsorganisation weiterentwickeln können, um noch mehr von Ihren Stärken einbringen zu können. Und auch hier gilt: Besprechen Sie die gewünschte Entwicklung mit Ihrem Chef und bleiben Sie am Ball.

Neben den äußeren Bedingungen hat der Stärken-Einsatz-Faktor auch Empfehlungscharakter für unsere eigene Weiterentwicklung. Wie bereits oben besprochen sollten wir bei einem niedrigen Faktor überprüfen, ob wir die eigenen Stärken richtig definiert haben. Generell empfiehlt es sich, immer wieder die Definition der eigenen Stärken zu überprüfen:

Handelt es sich noch um Stärken und/oder sind neue Stärken dazugekommen? Wenn Sie heute ein Computerexperte sind, heißt das noch lange nicht, dass Sie auch morgen die neuesten Programme und die wichtigen Sicherheitsmaßnahmen gegen Viren und andere Angriffe auf Computer kennen. Es ist eine Selbstverständlichkeit, dass vorhandene Stärken gepflegt werden müssen, sei es durch Anwendung und praktische Übung, sei es durch systematische Weiterbildung und Weiterentwicklung. Wenn Ihr Faktor sich zwischen 60 und 80 bewegt, dann ist die Pflege das Allerwichtigste! Stellen Sie sicher, dass Ihre Stärke zu einem USP wird! Wenn Ihr Stärken-Einsatz-Faktor nahe bei 100 ist, dann trifft auf Sie hoffentlich folgende Situation zu:

→ Hohe Zufriedenheit im Beruf: Sie können Ihre Stärken optimal einbringen, d. h., Ihre Arbeit fällt Ihnen leicht und Sie leisten sehr gute Arbeit.

→ Sicherheit: Aufgrund Ihrer guten Arbeit haben Sie einen relativ sicheren Arbeitsplatz.

→ Beförderung: Sie fallen durch gute Arbeit auf und empfehlen sich für eine Beförderung.

Und spätestens jetzt sollten Sie überlegen, wie Sie Ihre Stärken ausbauen und weitere Stärken aufbauen können. Abbildung 19 fasst die Schlussfolgerungen aus der Stärkenanalyse nochmals zusammen.

SELBSTÜBUNG
PASST IHR ARBEITSPLATZ ZU IHREN STÄRKEN? – TEIL 2

Schritt 2: Ermitteln Sie für Ihre drei wichtigsten Stärken Ihren Stärken-Einsatz-Faktor. (Verwenden Sie dazu die Ergebnisse der Selbstübung zu Beginn dieses Kapitels.)

Schritt 3: Ziehen Sie für sich die entsprechenden Schlussfolgerungen. Legen Sie zwei konkrete Aktionen fest, die Sie tun werden, um Ihren Stärken-Einsatz-Faktor zu erhöhen.

3.3 BÜHNE FREI

Einige Grundregeln, die Ihnen einen souveränen Auftritt erleichtern
Wie gehen Sie mit Lampenfieber um? Lähmt es Sie oder bringt es Sie zur Höchstleistung?

Jeder Kontakt mit uns wird von unserer Umwelt genutzt, um das Bild über uns zu verfeinern, zu vervollständigen oder auch zu korrigieren. Neben den vielen alltäglichen Begegnungen mit den Kollegen und dem Chef gibt es Situationen, in denen Sie ganz besonders im Rampenlicht stehen: Sie halten eine Präsentation, Sie informieren Ihren Chef über Ihre Arbeit, Sie haben ein wichtiges Kundengespräch, Sie müssen Kollegen aus der Nachbarabteilung überzeugen, Sie zu unterstützen usw. Das Gute an diesen Situationen ist, dass wir uns darauf vorbereiten können. Wie Sie sich verhalten, wenn Sie keine Möglichkeit der Vorbereitung haben, besprechen wir am Ende dieses Kapitels.

Im Folgenden wollen wir einige Grundregeln besprechen, die Ihnen zu einem souveränen Auftritt verhelfen. Sie sollten sich dabei der großen Bedeutung der Psychologie bewusst sein. Wenn Sie sich einreden: „Ich kann das nicht", „Ich schaff das nicht", „Ich werde kläglich versagen", dann tritt in der Regel genau dieser Effekt ein! Wir trauen es uns nicht zu, erwischen uns dank unserer selektiven Wahrnehmung bei allem, was unsere Befürchtung stützt, und stecken in einem richtigen Teufelskreislauf. Das Ganze lässt sich auch in die andere Richtung nutzen! Wenn Sie es sich zutrauen: „Ich schaff das schon", „Ich kann das", werden Sie komplett anders wirken, viel souveräner. Und während des Gesprächs oder der Präsentation werden Sie spüren, dass es ganz gut klappt, sodass Sie zusätzliche Sicherheit bekommen und Ihr Auftritt immer besser wird. Also hüten Sie sich, in einen Teufelskreislauf einzutreten! In Kapitel 3.8 bekommen Sie einige Tipps, wie Sie mit solchen „inneren Bremsern", die Sie in einen solchen Teufelskreislauf hineinziehen, umgehen und diese abschalten können.

Ein souveräner Auftritt hat einige Voraussetzungen. Die ZEBRA-Formel beschreibt diese:

Z Ziele

E Echoeffekt

B Basics

R Reserve

A Adrenalin

Zunächst müssen Sie wissen, was Sie in diesem konkret anstehenden Termin erreichen wollen: Von was wollen Sie die Zuhörer überzeugen? Was wollen Sie in dem Gespräch mit Ihrem Chef erreichen? Was wollen Sie in dem Kundengespräch erreichen? Ein gutes Ziel beschreibt immer positiv, was ich will. Es genügt nicht zu wissen, was ich nicht will. Wenn ein Kind einfach nur sagt: „Ich will nicht ins Bett", werden Eltern dem Wunsch nicht nachgeben. Wenn ein Kind sagt: „Ich will dieses Puzzle noch fertig machen", dann sagen die Eltern vielleicht: „Okay, du bekommst noch zehn Minuten." Es gibt eine alte Formel, die sich hervorragend für die Erstellung und Überprüfung von Zielen eignet. Nach dieser Formel sind gute Ziele SMART (S = spezifisch, M = messbar, A = attraktiv, R = realistisch, T = terminiert).

Zunächst müssen also die eigenen Ziele definiert werden. In aller Regel haben wir verschiedene Ziele, die sich häufig widersprechen. Zum Beispiel möchte jemand viel Zeit für die Familie haben, aber sich auch beruflich weiterentwickeln. Oder jemand möchte ein netter Chef sein, muss aber gleichzeitig seine Ziele erreichen und dafür sorgen, dass bestimmte Regeln im Büro eingehalten werden. Daher müssen wir unsere Ziele priorisieren und sie in eine Zielhierarchie bringen, damit wir im Zweifelsfall das Richtige tun. Übrigens, das gleiche Thema haben wir bei den Werten bereits erörtert, die eng mit den Zielen zusammenhängen. Beispiele für Zielkonflikte gibt es viele.

Beispiel 1: Ein Textilhersteller hat zwei Ziele: Er will langfristig erfolgreich sein, d. h., er braucht ein bestimmtes Gewinnniveau, um zu überleben, und er will zweitens eine faire Partnerschaft mit den Mitarbeitern. Die Firma lässt die Textilien bei einem Nähbetrieb in Osteuropa nähen. Soll sich die Firma nun für Sozialstandards in der Auftragsfirma in Osteuropa einsetzen und damit die Preise für die eigenen Produkte erhöhen und die Wettbewerbsfähigkeit der Produkte gefährden oder soll sie die schlechten Arbeitsbedingungen der Näherinnen übersehen/ignorieren/als marktgegeben hinnehmen?

Beispiel 2: Ein Mitarbeiter in einem Architekturbüro treibt sehr gerne Sport und hat sich vorgenommen, beim New-York-Marathon mitzulaufen. Er ist gleichzeitig ehrgeizig und will Karriere machen. Der Flug nach New York ist gebucht, er ist in Topform. Nun beteiligt sich sein Architekturbüro an einem Wettbewerb und genau in die nächsten zwei Wochen, in denen er Urlaub für den New-York-Marathon hat, fällt die Hauptarbeit. Fliegt er in Urlaub oder storniert er alles?

Beispiel 3: Sie suchen eine neue berufliche Herausforderung und haben nun zwei gute Angebote: Der Kopf sagt Ihnen, Sie sollen zur Firma A gehen, der Bauch dagegen hat bei Firma B ein besseres Gefühl – wer entscheidet im Zweifelsfall bei Ihnen: Kopf oder Bauch? Der Kopf, der vor allem die rationalen Argumente berücksichtigt, oder der Bauch, der stärker emotionale Aspekte wie z. B. das erlebte Firmenklima, Empathie für den zukünftigen Chef und die Kollegen berücksichtigt?

Solche grundsätzlichen Zielkonflikte, wie sie in den Beispielen 1 bis 3 beschrieben sind, kommen zum Glück nicht sehr häufig vor. Meistens geht es bei unseren „Auftritten", also Gesprächen, Präsentationen usw., um die Erreichung von Unterzielen. Zum Beispiel wollen Sie Karriere machen und nun wollen Sie die Vorstellung von Projektergebnissen nutzen, um bei den drei anwesenden Chefs einen guten nachhaltigen Eindruck zu machen und sich für weitere Karriereschritte zu empfehlen. Wichtig ist, dass Sie wissen, welches Ziel Sie in der konkreten Situation erreichen wollen.

Ein zweites wichtiges Element für einen souveränen Auftritt ist die Beachtung des Echoeffektes. Sie kennen sicher das Sprichwort „Wie man in den Wald ruft, so ruft es zurück." Tun Sie viel dafür, dass Sie einen positiven Start bei einem Gespräch, einer Präsentation usw. haben. Begrüßen Sie Ihre Gesprächspartner oder die Zuhörer freundlich. Wenn Sie vor großem Publikum sprechen, nutzen Sie die Chance, bereits vorher einige Zuhörer freundlich zu begrüßen, sich kurz vorzustellen und eine positive Grundstimmung zu erzeugen. Wenn jemand zu Ihnen zu einem Gespräch kommt, dann stehen Sie zur Begrüßung nicht nur auf, sondern geben Ihrem Gesprächspartner das Gefühl, dass er sehr wichtig für Sie ist, und das Gespräch nachher

wird viel angenehmer verlaufen. Schaffen Sie durch das Anbieten von Kaffee und Getränken, das Abnehmen von Mantel und Schirm und einen kurzen Small Talk einen guten Auftakt für das Treffen. Und reden Sie auf Augenhöhe. Ist es Ihnen schon einmal passiert, dass Sie sehr viel tiefer saßen als Ihr Gesprächspartner? Wie fühlten Sie sich, wenn sozusagen von oben herab auf Sie eingesprochen wurde? Bieten Sie also Ihrem Gesprächspartner immer einen Platz an, von dem aus Sie sich auf Augenhöhe unterhalten können. Und wenn Ihnen selbst ein tiefer Platz angeboten wird, dann sagen Sie einfach, Sie möchten bitte lieber auch auf einem Stuhl sitzen.

Halten Sie während des ganzen Gespräches Augenkontakt mit Ihren Zuhörern. Wir haben bereits besprochen, dass ein Augenkontakt immer so lange bei einer Person bleibt, bis diese zu uns zurückschaut – erst dann ist der Augenkontakt zustande gekommen. Bei großen Zuhörergruppen ist es hilfreich, sich die Gruppe gedanklich in kleinere Teilgruppen aufzuteilen und in den jeweiligen Teilgruppen mit jeweils einer Person Augenkontakt aufzunehmen – alle anderen in der Gruppe haben dann automatisch das Gefühl, auch angeschaut worden zu sein. Generell gilt die Regel: Machen Sie nicht mehr als neun bis zehn Teilgruppen, sonst ist es schwer, den Überblick zu behalten und die Gruppen gleichmäßig oft anzuschauen. Den Augenkontakt verteilen Sie nicht gleichmäßig auf alle Zuhörer bzw. Gruppen, sondern Sie schauen die wichtigen Personen etwas häufiger an. Das ist wichtig, damit Sie sehr schnell merken, wenn der Chef oder die Meinungsführerin mal nicht mit Ihrem Vortrag einverstanden ist oder Ihnen nicht mehr folgt. Was Sie dann tun können, besprechen wir in Kapitel 3.5.

Neben der Begrüßung gehören zu diesem Echoeffekt die äußeren Umstände: In welchem Raum findet das Treffen statt, wie ist die Bestuhlung, wie sieht die Dekoration aus usw.? Wenn in einem Besprechungszimmer bereits eine Kanne Kaffee, Tassen, Getränke und Gläser auf dem Tisch stehen, dann ist für einen Gesprächspartner sofort ersichtlich: „Man hat mit mir gerechnet", und er fühlt sich freundlich empfangen. Ein paar Kekse oder Obst auf dem Tisch verstärken den Eindruck. Die Firma Fischer (bekannt durch den Dübel und die Fischertechnik) geht sogar so weit, dass für jeden Firmenbesucher ein namentlich reservierter Parkplatz bereitsteht. Der Besucher soll sich willkommen fühlen. Es sind häufig solche Kleinigkeiten, die bei unserem Gesprächspartner einen guten Eindruck erzeugen und eine positive Gesprächsstimmung schaffen. Die Zeit, die Sie in einen guten Start für ein wichtiges Gespräch stecken, ist in aller Regel gut investierte Zeit.

Eine dritte wichtige Voraussetzung sind die Basics, die stimmen müssen. Dazu gehören Kleidung, Accessoires, Körpersprache, Sprache und Stimme. Der Transporteur Verhalten wurde bereits beim Echoeffekt behandelt. Unsere Kleidung muss der Situation angemessen sein. Wenn wir bei einem Kosmetikhersteller arbeiten, dann sollten wir selbst entsprechend gepflegt auftreten. Es wirkt einfach unglaubwürdig, wenn z. B. – wie ich es bei einem Beratungsprojekt erlebt habe –, der Produktmanager für die anspruchsvolle Modelinie in Jeans und Micky-Maus-Krawatte (was damals weder modern noch chic war) in Besprechungen sitzt. Für die Körpersprache haben wir oben schon besprochen, wie eine gute Grundhaltung aussieht. Wenn Sie präsentieren, sind Ihre Folien hinter Ihnen. Drehen Sie sich allenfalls kurz um, um etwas auf den Folien zu zeigen. Ich empfehle meinen Seminarteilnehmern immer, dass Sie sich aus der Hüfte nach hinten drehen und die Schuhspitzen weiterhin zu den Zuhörern schauen. So stellen Sie sicher, dass Sie sich schnell zu den Zuhörern zurückdrehen, weil diese Haltung unbequem ist. Nehmen Sie den Pointer in die Hand, die den Folien zugewandt ist, sodass Sie sich nicht weit umdrehen müssen und den Zuhörern gegenüber weiterhin eine offene Haltung einnehmen. Denn die Zuhörer wollen nicht Ihren Rücken sehen, sondern Ihr Gesicht. Ganz abgesehen davon werden Sie besser verstanden, wenn Sie zu den Zuhörern sprechen und nicht an die Wand. Bewegen Sie sich aus dieser

Basishaltung heraus, z. B. mit ein paar Schritten in Richtung Zuhörer, und stehen Sie dann wieder in dieser Basishaltung. Eine solche Basishaltung ist eine Komplexitätsreduktion, d. h., Sie müssen Ihrer Körpersprache keine besondere Beachtung mehr schenken. Sie können sich so zu Beginn einer Präsentation ganz auf den Inhalt konzentrieren. Durch diese Selbstsicherheit werden Sie schnell sehr souverän werden und wirken und dann kommt Ihre angeborene Körpersprache zum Einsatz, die diesen souveränen Eindruck verstärkt.

Nutzen Sie die Vorteile der Psychologie des positiven Kreislaufs: Sie sind gut vorbereitet, Sie sind gut gekleidet, die äußeren Rahmenbedingungen passen, Ihre Körpersprache ist okay. Lächeln Sie Ihre Zuhörer an (setzen Sie Freunde, die Ihnen aufmunternd zunicken, ins Publikum) und nutzen Sie positive Rückmeldungen. Sie werden sehen, in den allermeisten Fällen tritt der positive Kreislauf ein: Sie werden sicherer und halten einen hervorragenden Vortrag.

Allerdings haben wir manchmal mit Widrigkeiten zu kämpfen. Dann brauchen wir die vierte Voraussetzung für einen souveränen Auftritt: die Reserve. Wie das Auto ein Reserverad hat, so brauchen Sie für Ihren Auftritt eine Reserve, etwas, was Sie nachlegen können, wenn Ihr Vortrag, Ihr Gespräch nicht wie geplant funktioniert. Bei Verhandlungen sollten Sie z. B. immer Ihre beste Alternative kennen. Was passiert, wenn Sie sich nicht durchsetzen? Die Antwort auf diese Frage bestimmt Ihren Verhandlungsspielraum – wie hart Sie verhandeln können, wie sehr Sie nachgeben müssen. Wenn Sie keine Alternative haben, sind Sie total ausgeliefert. Eine Reserve kann z. B. sein, dass Sie in Verhandlungen etwas Zusätzliches anbieten. Sie wollen ein neues Produkt verkaufen und suchen Vertriebswege dafür. So könnten Sie den Vertriebspartnern z. B. anbieten, dass die erste Bestellung auf Kommission erfolgt, sodass Sie das Risiko behalten und die Händler sehen können, wie das Produkt bei den Kunden ankommt. Sie führen Gehaltsverhandlungen und Ihr Chef will Ihr

Gehalt in der aktuellen Situation nicht erhöhen. Dann empfiehlt es sich, mit dem Chef klar abzusprechen, wann dann Ihr Gehalt erhöht wird (z. B. wenn die Konjunktur wieder auf Wachstum steht oder Sie bestimmte Ziele erreicht haben) und nutzen Sie einen Reservevorschlag, z. B. dass die Firma sich an Kosten für Weiterbildungsmaßnahmen beteiligt oder Sie für eine Weiterbildung frei stellt.

Zur Reserve gehört auch, dass Sie sozusagen ein Ersatzrad für Ihre Präsentation dabei haben. Stellen Sie sicher, dass Sie von Ihrer Präsentation eine Kopie auf einem Memorystick dabei haben, denn auf die Technik ist leider nicht immer Verlass. Zur Reserve gehört schließlich auch noch ein gewisses Repertoire an Möglichkeiten, mit kritischen Situationen umzugehen. Es gibt unglaublich viele Möglichkeiten, kritische Situationen zu meistern. Wenn Ihnen ein Gespräch entgleitet, die Zuhörer nicht mehr zuhören, versuchen sie zuerst zu verstehen, warum. Die Antwort auf das Warum bekommen Sie einerseits durch Beobachtung (Augenkontakt!) und Analyse der Situation und andererseits dadurch, dass Sie diplomatisch geschickt nachfragen. Nutzen Sie Fragen, um zu verstehen, was los ist, warum der andere nicht einverstanden ist usw. Sie werden sehen, in den allermeisten Fällen können Sie durch geschicktes Fragen kritische Situation gut meistern. Am Ende von Kapitel 3.5 werden wir noch ausführlicher den Umgang mit schwierigen Gesprächssituationen besprechen.

Wenn Sie diese vier Punkte (Zielorientierung, Echoeffekt, Basics, Reserve) beherzigen, dann sollte Ihr Lampenfieber keine Übermacht über Sie gewinnen. Einen Auftritt ohne Lampenfieber wünsche ich Ihnen aber nicht. Denn erst das Lampenfieber sorgt für den Adrenalinschub, der uns zu Höchstleistungen bringt. 100-prozentige Konzentration, schnelles Denken, absolute Aufmerksamkeit – so kommen Spitzenleistungen und souveräne Auftritte zustande. Wenn ich eine richtig gute Präsentation halten will, dann brauche ich etwas Lampenfieber. Und sei es, dass ich mir einrede, was doch noch alles schiefgehen könnte. Wichtig ist bei Lampenfieber nur, dass es keine Übermacht bekommt. Wer unter zu großem Lampenfieber leidet, sollte zum einen eine für ihn gut geeignete Entspannungsmöglichkeit finden und zum anderen sich den positiven Kreislauf in den Kopf rufen: Sie sind gut vorbereitet, Sie haben Ihre Körpersprache im Griff, Sie sind adäquat gekleidet, das schaffen Sie! Manche Trainer empfehlen bei großem Lampenfieber auch, dass Sie sich eine Situation in den Kopf rufen, in der Sie richtig gut waren. Versuchen Sie sich in die damalige Stimmung zu versetzen und gehen mit dieser Stimmung los. Vermeiden Sie auf jeden Fall den Teufelskreis aus „das geht schief" und dann geht es auch schief! Atmen Sie tief durch, nutzen Sie Bauchatmung und trinken Sie noch einen Schluck Wasser, bevor es losgeht, damit auch Ihre Stimme startklar ist. Wenn Sie diese ZEBRA-Voraussetzungen beherzigen, dann werden Sie bald Freude haben, wenn es heißt: „Bühne frei für Sie."

Nicht alle Ihre Auftritte lassen sich planen – manchmal kommt so ein Auftritt sehr unerwartet. Zum Beispiel werden Sie als Steuerexperte kurz zu einer Sitzung dazugerufen. Oder Ihr Chef sitzt gerade mit seinem Kollegen zusammen und sie wollen von Ihnen einen kurzen Projektzwischenbericht haben. Nutzen Sie solche Gelegenheiten, um Ihr großes Können, Ihre Flexibilität, Ihren Projektüberblick zu demonstrieren. Um einen guten Eindruck machen zu können, beherzigen Sie ein paar Tipps: Sorgen Sie dafür, dass Sie wenigstens ein paar Minuten Zeit zum Nachdenken und zur innerlichen Vorbereitung haben. Sei es auf dem Weg zu der Sitzung oder zum Chef, sei es kurz beim Händewaschen. Wenn Sie in der Kaffeeküche abgefangen werden, erklären Sie einfach, Sie möchten noch schnell ein paar Unterlagen zu dem Thema aus Ihrem Zimmer holen – und schon haben Sie ein paar Minuten (Denk-)Zeit gewonnen. Sagen Sie nur das, was Sie sicher wissen.

Wenn Sie nicht sicher sind oder noch bestimmte Informationen benötigen, sagen Sie einfach, dass Sie die Antwort kurzfristig nachreichen, da Sie noch etwas nachschauen müssen. Wenn Sie als Steuerexperte gefragt werden, dann kann niemand erwarten, dass Sie alle Regeln im Kopf haben. Sie können auch Ihre Vermutung äußern (wenn Sie sich recht sicher sind, dass diese stimmt), sagen aber dazu, dass Sie das verifizieren und die Anwesenden entsprechend informieren werden. Wenn Sie überraschend einen kurzen Projektzwischenbericht abgeben sollen, dann sagen Sie einfach kurz das Wichtigste und verweisen auf Ihren Projektzwischenbericht, den Sie ohnehin in zwei Tagen vorlegen wollten. Und so werden Sie sicher auch bei solchen ungeplanten Auftritten eine gute Figur machen. Eine Voraussetzung dafür haben wir noch nicht erwähnt, aber diese sollte für Sie nach den vorhergehenden Kapiteln bereits eine Selbstverständlichkeit sein: Ihr äußerer Auftritt (Kleidung, Aussehen, Accessoires) sollte immer so sein, dass diese ungeplanten Termine kein Problem für Sie sind.

SELBSTÜBUNG
SOUVERÄNER AUFTRITT

1. Üben Sie die Basishaltung vor einem Spiegel. Und nutzen Sie die Basishaltung in Ihrem nächsten Gespräch, bei Ihrem nächsten Auftritt. Beobachten Sie, was sich dadurch verändert.

_____

_____

_____

_____

_____

_____

_____

_____

2. Reden Sie sich vor dem nächsten wichtigen Termin selbst sehr gut zu – „ich kann das". (Natürlich ersetzt das nicht die gute Vorbereitung.)

_____

_____

_____

_____

_____

_____

_____

_____

3.4 TUE GUTES UND REDE DARÜBER

Reden Sie, mailen Sie, reden Sie!
Wie viele Menschen, die für Ihre berufliche Entwicklung wichtig sein könnten, kennen Sie mit Ihren Fähigkeiten, Ihren Stärken und/oder Ihrem Namen?

Bei vielen Mitarbeitern entsteht der Eindruck, sie haben das alte Sprichwort „Eigenlob stinkt" zu 150 % auf Ihren Arbeitsalltag übertragen. Nur ja nicht über die eigene Arbeit und vor allem über das, was gut geklappt hat, reden. So wird im Schwätzchen mit den Kollegen viel lieber von den schweren Aufgaben, die man gerade auf dem Schreibtisch hat, berichtet. Doch wann erfolgt die Erfolgsmeldung an die Kollegen? Schwere Aufgabe erledigt, sogar in weniger Zeit als geplant usw.! Solche Mitarbeiter sollten sich nicht wundern, wenn sie bei Beförderungen übersehen werden. Unterliegen Sie nicht dem Irrtum, Ihr Chef weiß und sieht schon, was Sie Tolles leisten! Woher soll er es denn wissen! Keiner weiß, ob Sie fünfmal telefonieren mussten, bis Sie Ihren Gesprächspartner erreichten, oder ob er sofort am Telefon war – es sei denn, Sie sagen Ihrem Umfeld, dass Sie zwei Tage lang hinterhertelefonieren mussten, bis Sie Ihren Gesprächspartner ans Telefon bekommen haben. Und sicher gibt es auch an Ihrem Arbeitsplatz viele Beispiele dafür, wo es für einen Chef nur sehr schwer einzuschätzen ist, wie viel Arbeit Ihnen die Erledigung einer Aufgabe machte. Brauchten Sie sieben Stunden für den Kreditantrag, weil die Angaben der Kundenberater sehr unvollständig waren und Sie häufig nachfragen mussten und gleichzeitig auch die Finanzierung nur schwer darstellbar war, oder war es ein einfacher Fall, den Sie in gut zwei Stunden erledigen konnten?

In Abbildung 20 ist der Prozess der positiven Selbst-PR dargestellt. In Kapitel 1.1 haben wir die Grundzüge davon bereits besprochen. Da Selbst-PR sehr wichtig ist, vertiefen wir dieses Thema in diesem Kapitel. Zunächst müssen Sie für sich festlegen, was Sie erreichen wollen: Was ist Ihr Ziel? Wollen Sie z. B. Karriere machen oder geht es Ihnen vor allem darum, einen sicheren Arbeitsplatz zu haben und selbst eine gute Position auf der Liste der unkündbaren Mitarbeiter zu bekommen, oder geht es Ihnen einfach darum, dass Ihre Arbeit gesehen und anerkannt wird? Wenn Sie Ihr eigenes Ziel kennen, dann müssen Sie in einem zweiten Schritt Ihre Zielgruppe bestimmen. Wer muss von Ihrer guten Arbeit erfahren? Sicher haben Sie schon festgestellt: Häufig ist es nicht nur ein Adressat, den wir informieren sollten, sondern mehrere. Der eigene Chef ist in aller Regel immer dabei. Weitere mögliche Adressaten für Ihre Selbst-PR können neben den Kollegen die Chefs anderer Abteilungen (z. B. bei Projektarbeit), die Personalabteilung oder der Chef Ihres Chefs sein.

Nachdem Sie festgelegt haben, wen Sie über Ihre gute Arbeit informieren wollen, müssen Sie überlegen, wie Sie am besten informieren. Nehmen wir an, Sie wollen Ihren Chef informieren, doch wie? Wenn er gerne E-Mails liest, sind E-Mails eine wunderbare Möglichkeit, kurz über die eigene Arbeit zu informieren. Ein anderer hat Zeit, wenn er im Auto sitzt, und ist dann erreichbar – warum also nicht fragen, ob Sie Ihren Chef bei der nächsten Dienstreise kurz anrufen können, Sie möchten ihn über den aktuellen Stand Ihres Projektes informieren. Ein anderer Chef kommt jeden Tag einmal durch alle Büros gelaufen – dann nutzen Sie diese Gelegenheit. Finden Sie heraus, welche Kommunikationsform Ihr Chef am meisten schätzt und bei welcher Kommunikationsform am meisten hängen bleibt.

Abb. 20
Positive Selbst-PR

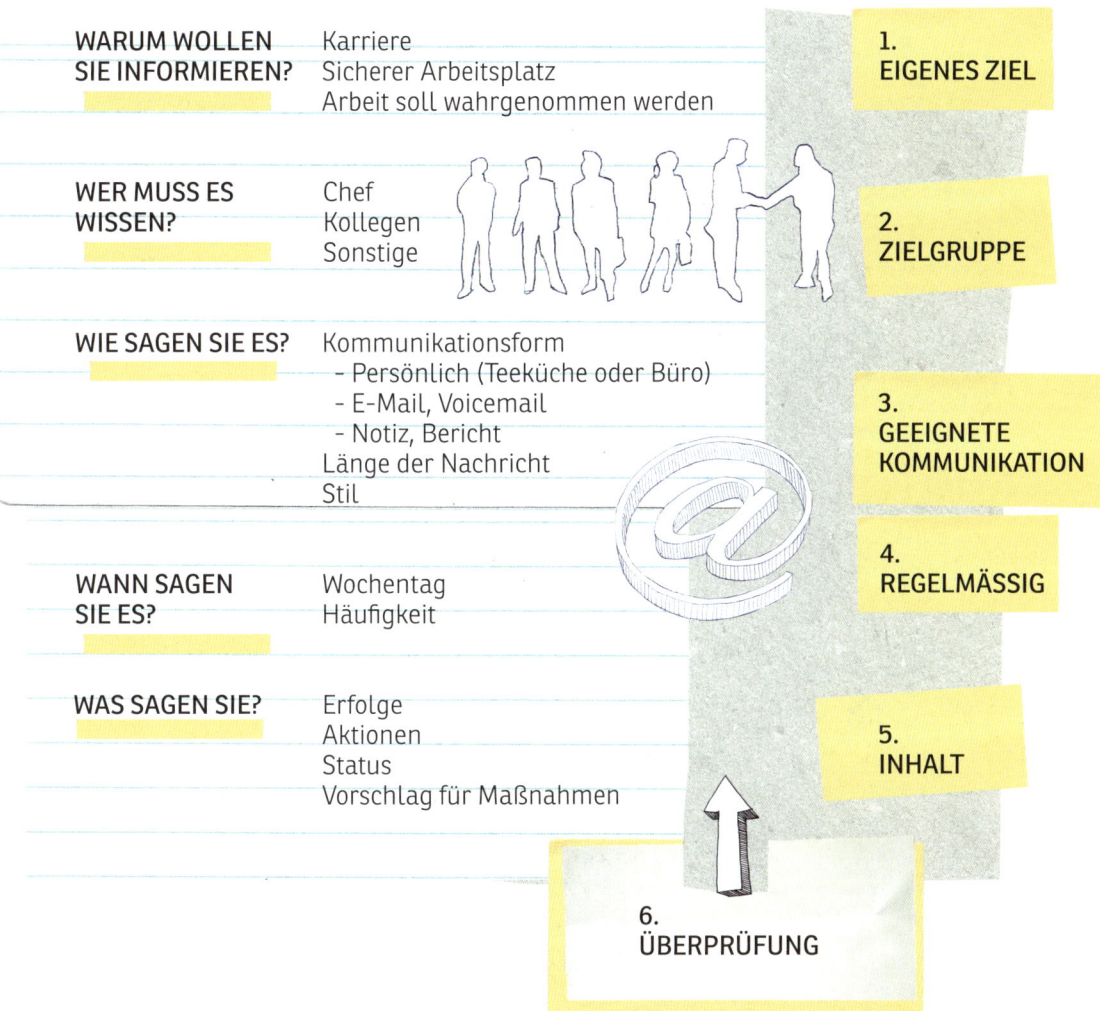

WARUM WOLLEN
SIE INFORMIEREN?

Karriere
Sicherer Arbeitsplatz
Arbeit soll wahrgenommen werden

1.
EIGENES ZIEL

WER MUSS ES
WISSEN?

Chef
Kollegen
Sonstige

2.
ZIELGRUPPE

WIE SAGEN SIE ES?

Kommunikationsform
 - Persönlich (Teeküche oder Büro)
 - E-Mail, Voicemail
 - Notiz, Bericht
Länge der Nachricht
Stil

3.
GEEIGNETE
KOMMUNIKATION

4.
REGELMÄSSIG

WANN SAGEN
SIE ES?

Wochentag
Häufigkeit

WAS SAGEN SIE?

Erfolge
Aktionen
Status
Vorschlag für Maßnahmen

5.
INHALT

6.
ÜBERPRÜFUNG

Meistens bleibt viel mehr hängen, wenn Sie nicht nur in der Kaffeeküche kurz von Ihrer Arbeit erzählen, sondern wenn Sie erzählen und eine schriftliche Unterlage haben. Abbildung 21 zeigt, dass wir uns umso besser an Dinge erinnern können, desto mehr Sinne involviert sind. Suchen Sie also nach Möglichkeiten, Ihrem Chef über mehrere Kanäle die Information zukommen zu lassen. Sie sehen ihn zufällig in der Kaffeeküche: Dann erzählen Sie von Ihrer Arbeit. Und kurz später bringen Sie ihm noch versprochene Unterlagen vorbei oder Sie schicken ihm am Ende des Tages eine kurze E-Mail, dass die Aufgabe, die Sie heute Morgen besprochen haben, nun erledigt ist. So können Sie recht sicher sein, dass Ihr Chef sich Ihre Botschaft auch merken wird.

Das Wie Ihrer Kommunikation unterscheidet sich deutlich für die unterschiedlichen Empfänger: Mit den Kollegen werden Sie eher reden – hier werden Sie sicher nur in seltenen Fällen schriftlich informieren. Vielleicht wenn Sie gerade eine schwierige Situation gemeistert haben und Sie nun z. B. per E-Mail die Kollegen einladen, mit Ihnen darauf anzustoßen (wenn so etwas in Ihrer Firma erlaubt ist). Auch den Chef Ihres Chefs sollten Sie eher selten schriftlich informieren. Dies wird meist nur dann der Fall sein, wenn Ihr Chef Sie bittet, die Information direkt weiterzugeben. Um den Chef Ihres Chefs zu informieren, brauchen Sie in der Regel eine günstige Gelegenheit, beispielsweise eine Aufzugsfahrt (die Aufzugsrede sollten Sie immer parat haben) oder das gemeinsame Anstehen in der Kantine.

Sie meinen, Ihr Chef wird genervt sein, wenn Sie ihn informieren? Wenn Sie es geschickt machen, ganz sicher nicht. Denn für Chefs ist es manchmal schwer einzuschätzen, was die Mitarbeiter gerade tun, wie viel Mühe die Erledigung bestimmter Aufgaben bedeutet usw. Noch mehr schätzen gute Chefs Mitarbeiter, die nicht nur gut und ausreichend kommunizieren, sondern die auch rechtzeitig Probleme melden – mehr dazu finden Sie in Kapitel 3.5. Beherzigen Sie einfach bei der Information Ihres Chefs die altbewährte Marketingformel KISS (Keep It Simple and Stupid). Informieren Sie kurz, sachlich, ergebnisorientiert und aktionsorientiert.

Zu dem „Wie informiere ich?" gehört auch die Häufigkeit. Da dieser Punkt von großer Bedeutung ist, wird er hier separat behandelt. Ich empfehle meinen Seminarteilnehmern generell, mindestens einmal pro Woche den Chef über die eigene Arbeit zu informieren. Zum Beispiel mit zwei bis drei Sätzen in einer E-Mail am Freitag, in der ich dann auch noch ein schönes Wochenende wünschen kann. Wenn die Freitage ein schlechter Tag sind, nutze ich einen anderen Tag. Die Wochenregel hat den Vorteil, dass sehr schnell eine Regelmäßigkeit der Information entsteht. Ohne eine solche wird die Information an den Chef häufig permanent verschoben – das mache ich morgen, das mache ich, wenn

das Projekt abgeschlossen ist, und findet dann gar nicht oder nur sehr selten statt. Tun Sie es, fangen Sie gleich diese Woche damit an!

Und was sagen Sie Ihrem Chef? Damit sind wir bei Punkt 5 aus Abbildung 20, dem Inhalt. Inhalt einer solcher Information kann vieles sein: Ihre Erfolge, laufende Aktionen, erste Ergebnisse, Status eines Projektes usw. Der Inhalt sollte zu Ihrem Ziel passen. Wenn Sie z. B. gerne Karriere machen möchten, dann werden Sie über Erfolge sprechen und von Beispielen berichten, in denen Sie Ihre Führungstärke zeigen konnten. Oder Sie zeigen gegenüber Ihrem Chef Führungs-stärke, indem Sie Vorschläge zur Lösung eines Problems machen.

Und dann sollten Sie regelmäßig Ihre Selbst-PR überprüfen. Haben Sie die richtige Zielgruppe? Oder fehlt hier jemand? Oder ist jemand über-flüssig? Stimmt Ihre Form der Kommunikation gegenüber den einzelnen Adressaten? Ist Ihr Stil adäquat, die Länge der Nachrichten angemessen? Passt die Häufigkeit Ihrer Information? Und kom-munizieren Sie die richtigen Inhalte? Zu dieser Überprüfung empfiehlt es sich, auch von Ihrem Chef Feedback zu erbitten. Erzählen Sie ihm einfach, Sie haben sich vorgenommen, ihn besser zu informieren. Fragen Sie ihn, ob er sich aus-reichend informiert fühlt, wo er gerne mehr Informationen von Ihnen hätte und wo Sie ihm heute schon zu viele Informationen zukom-men lassen.

Selbst-PR heißt aber keinesfalls, dass Sie Proble-me totschweigen und nur von Erfolgen berichten. Ganz im Gegenteil, der richtige Umgang und die richtige Kommunikation von Problemen sind sehr wichtig und Gegenstand des nächsten Kapitels.

SELBSTÜBUNG
TUE GUTES UND REDE DARÜBER

1. Überlegen Sie, was Sie Hervorragendes und Gutes in der vergangenen Woche an Ihrem Arbeitsplatz geleistet haben (mindestens fünf Dinge!).

_____

_____

_____

_____

_____

_____

2. Berichten Sie mindestens zwei davon an Ihren Chef.

_____

_____

3. Wiederholen Sie diese Übung nun jede Woche – vier Wochen lang, dann überprüfen Sie das Ganze wenn möglich unterstützt durch Feedback von Ihrem Chef.

_____

_____

_____

_____

_____

_____

_____

_____

3.5 KRISEN ALS CHANCE

Nutzen Sie Krisen, um sich selbst zu profilieren
Wann mussten Sie zuletzt Ihrem Chef eine schlechte Nachricht überbringen?
Wie haben Sie die Nachricht formuliert und wie hat er reagiert?

Sie kennen sicher die Aussage: „Probleme sind keine Probleme, sondern Herausforderungen." So lautete auch die Empfehlung in Abbildung 8 (S. 61). Doch wenn es einfach mal überhaupt nicht läuft, wie es laufen sollte, dann empfinden wir das als Problem und nicht als Herausforderung. Ihre Marketingaktion verpufft – Sie spüren keine Wirkung im Absatz. Sie sind mit Ihrem Team bei der Entwicklung der Software zwei Monate im Verzug und es treten permanent neue Fehler auf, obwohl Sie und Ihr Team bereits jede Menge Überstunden machen, um die Software fertigzustellen. Sie arbeiten als Wissenschaftler im Labor und wollen eine bestimmte Zellstruktur verändern. Trotz anfänglicher Erfolge kommen Sie in den Labortests nicht wirklich voran. Die Außenstände steigen, trotz Ihres intensiven Mahnwesens, bedingt durch die konjunkturelle Situation weiter an und erreichen nun ein kritisches Niveau. Sie arbeiten seit drei Monaten bereits jeden Tag zwei Stunden länger (ohne dass das bezahlt wird), doch die Berge unerledigter Arbeit wachsen weiter an. Die Beispiele ließen sich beliebig fortsetzen. Was also tun, um gut durch solch schwierige Situationen zu kommen?

Ich hoffe für Sie, dass Sie in einer Umgebung arbeiten, in der Bill Gates Aufforderung „Bad news have to travel fast" (schlechte Nachrichten müssen schnell an die verantwortlichen Führungskräfte weitergegeben werden) gelebt und gefordert wird. Denn Probleme erfordern rasches, aber auch überlegtes Gegensteuern. Gute Firmen haben eine Kultur der Kommunikation schlechter Nachrichten und Controllingsysteme, um schnell zu identifizieren, wo Probleme entstehen. Häufig ist die Beobachtung zeitnaher Marktdaten, die es für etliche Branchen gibt, ein sehr guter Indikator für mögliche Probleme. Bei Ferrero (Hersteller von Mon Chéri, Kinder Scho-

kolade, Milch-Schnitte usw.) gilt das Prinzip, dass bei sinkenden Marktanteilen in den wöchentlich vorliegenden Marktdaten (von Nielsen) der Produktverantwortliche binnen einer Woche einen Maßnahmenplan vorlegen muss, wie diese Entwicklung gestoppt und gedreht werden kann. Eine solche schnelle Reaktion hilft, Schlimmeres zu verhindern. Und genau darum geht es.

Nahezu alle Firmen haben inzwischen mehr oder weniger gute Risikomanagementsysteme installiert, zu denen sie verpflichtet sind. Die große Herausforderung dabei ist, erstens mögliche Risiken zu identifizieren und zweitens geeignete Frühwarnmechanismen zu schaffen. Sehr hilfreich ist dabei eine Kultur, die die offene Kommunikation von Problemen fördert. Ein Teil der existenziellen Krisen, die wir derzeit beobachten, resultieren aus der Tatsache, dass auf schlechte Geschäftsentwicklungen nicht adäquat reagiert wurde bzw. sie teilweise gar nicht als solche erkannt wurden. Hätten die Kreditverantwortlichen die Schrottpapiere vieler US-Immobilien als Schrottpapiere eingestuft, so wäre zwar der Gewinn durch die erforderlichen Abschreibungen empfindlich geschrumpft, aber die Finanzkrise wäre nicht in dieser Dimension zustande gekommen. Schließlich hat die Technik, dass durch die Bündelung der Schrottpapiere zusammen mit anderen Krediten das Ganze zum einen nicht auffällt und zum anderen einen selbst dann nicht mehr trifft, auch kurzfristig funktioniert. Allerdings trat dadurch ein Schneeballeffekt ein, der viele mit in den Abgrund gerissen hat, die dummerweise die Papiere nicht genau geprüft haben, sondern einfach wie Lemminge das getan haben, was alle tun. Und in der weiteren Folge sind viele Unschuldige, wie z. B. die Zulieferer der Kfz-Hersteller, in diesen Abwärtssog hineingeraten.

Abb. 22
Handhabung von Krisen

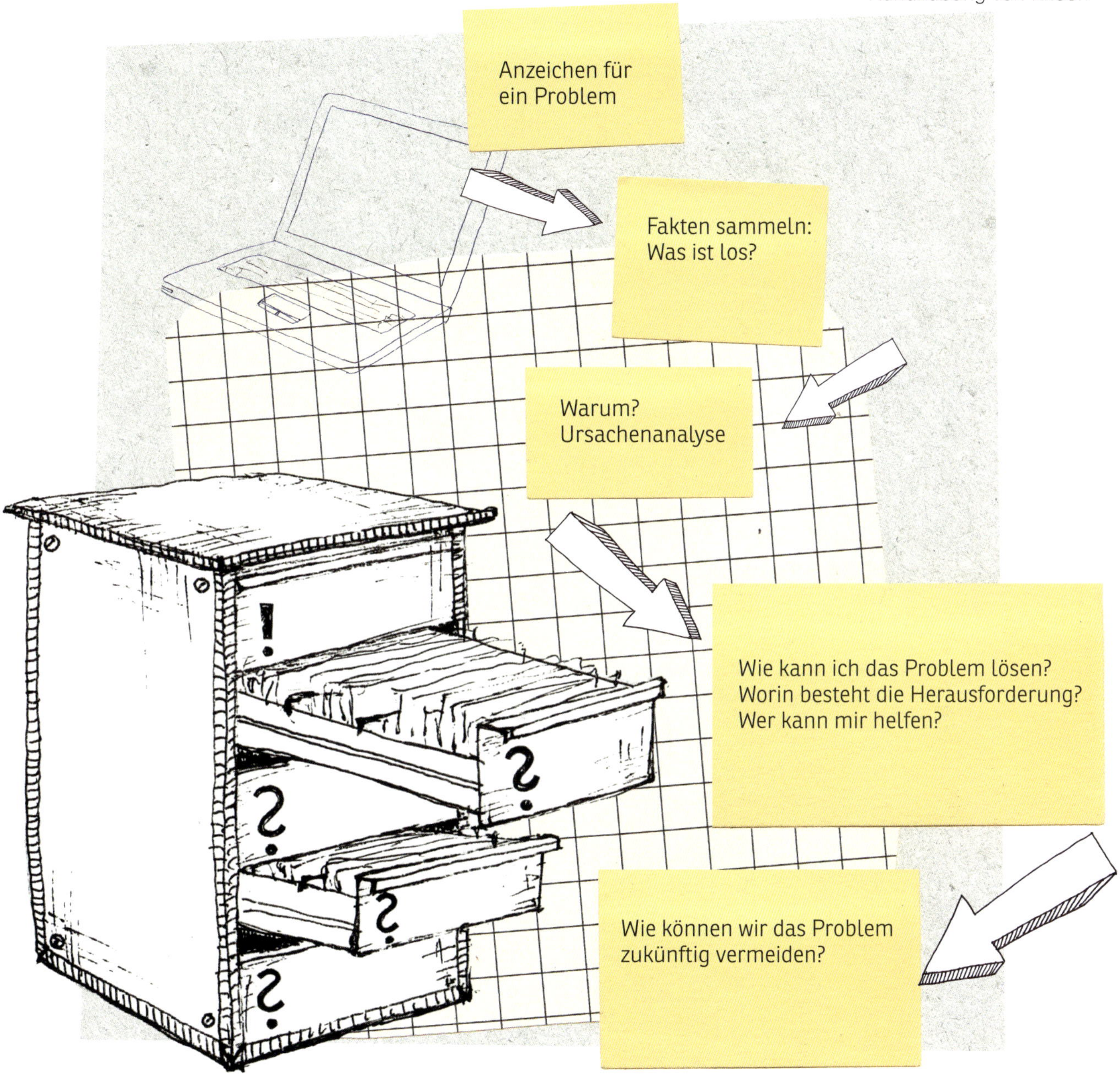

Anzeichen für
ein Problem

Fakten sammeln:
Was ist los?

Warum?
Ursachenanalyse

Wie kann ich das Problem lösen?
Worin besteht die Herausforderung?
Wer kann mir helfen?

Wie können wir das Problem
zukünftig vermeiden?

In Abbildung 22 ist ein Musterprozess für den Umgang mit Problemen dargestellt. Am Anfang sehen Sie einige Anzeichen, die auf ein mögliches Problem hindeuten. Jetzt müssen Sie zuerst herausfinden, ob hier wirklich ein Problem vorliegt. Listen Sie alle objektiven und subjektiven Faktoren auf, die Ihr Gefühl untermauern. Suchen Sie aber auch nach objektiven und subjektiven Faktoren, die Ihr Gefühl widerlegen. Sollte sich daraus kein klares Bild ergeben, dann überlegen Sie, wie Sie das Ganze überprüfen können.

Ein Beispiel: Sie arbeiten im Maschinenbau im Vertrieb. Ihr Unternehmen stellt Werkzeuge her. In jüngster Zeit vermissen Sie in Gesprächen mit Ihren Kunden die Begeisterung, die Sie sonst bei Ihren Kunden für Ihre Produkte gespürt haben. Auftragseingang und Absatz sind im Plan, d. h., von der finanziellen Seite gibt es noch keine Alarmzeichen. Ein guter Vertriebsmitarbeiter wird der fehlenden Begeisterung auf den Grund gehen – denn je eher zukünftige Probleme erkannt werden, desto früher können sie behoben werden und desto kleiner sind ihre Folgen. Er wird also verschiedene Kunden darauf ansprechen und fragen, wie zufrieden sie mit seinem Produkt sind. Und so erfährt er z. B., dass viele Kunden Probleme durch die gestiegenen Rohstoffkosten bekommen haben. Sie haben in ihrer Kalkulation die hohe Steigerung der Rohstoffpreise nicht eingerechnet, haben daher ihre Endprodukte für die heutige Situation zu billig angeboten und können nun die Preiserhöhungen nicht weitergeben. Basierend auf dieser Information wird er in seiner Firma anregen, bei neuen Werkzeugen noch stärker einerseits auf Energieeffizienz und andererseits Minimierung der erforderlichen Rohstoffe bei Produktion der Endteile zu achten. Und schon hat er ein gutes Verkaufsargument für die neue Generation an Werkzeugen, die er demnächst verkaufen wird. So wird aus einem ursprünglichen Problem eine Chance!

Reagieren Sie also eher zu früh auf Anzeichen, dass etwas nicht stimmt – aus früh erkannten und identifizierten Problemen entstehen häufig gute zukünftige Chancen. Das Ergebnis dieser Analyse sollten Sie auf jeden Fall an Ihren Chef kommunizieren. Wenn kein Problem vorliegt, dann überbringen Sie die gute Nachricht, dass Sie diesen Anzeichen nachgegangen sind, aber zum Glück hier kein Problem vorliegt. Im anderen Fall, wenn ein Problem vorliegt, müssen Sie vor der Kommunikation an Ihren Chef optimalerweise die nächsten Schritte im Schnelldurchgang gedanklich durchlaufen. Je nachdem, wie viel Zeit Ihnen das Problem lässt, kann es sich dabei um einige Tage oder einige Minuten, auf dem Weg zum Büro des Chefs, oder einige Sekunden, bis Ihr Chef am Telefon ist, handeln. Ideal ist, wenn Sie nach der Übermittlung der schlechten Nachricht mit Ihrem Bericht nicht aufhören, sondern noch zwei Schritte folgen, und zwar die Ursachenanalyse und ein Vorschlag, was jetzt zu tun ist. Selbst wenn das Problem nicht eilt, sollten Sie trotzdem eher bald Ihren Chef informieren, denn nur so werden Sie das Heft des Handelns in der Hand behalten. Es ist viel schlechter für Sie, wenn Ihr Chef das Problem von selbst identifiziert.

Ist ein Problem ausgemacht, dann steht vor der Ergreifung von Maßnahmen in der Regel die Ursachenanalyse. Diese muss gründlich sein, denn auf ihr basieren die weiteren Schlussfolgerungen. Grundsätzlich gibt es zwei Wege der Ursachenanalyse. Einmal werden ganz viele Informationen und Datenpunkte gesammelt und daraus entsprechende Schlussfolgerungen abgeleitet. Eine andere Möglichkeit ist ein hypothesengetriebenes Vorgehen, d. h., es werden Hypothesen aufgestellt, warum diese Entwicklung eingetreten ist, und nur diese Hypothesen werden überprüft. Das zweite Verfahren hat den Charme, dass man viel schneller zu Erkenntnissen kommt. Allerdings besteht die Gefahr, dass andere Ursachen, die außerhalb des eigenen Fokus liegen, übersehen werden. Dieses zweite Verfahren sollte nur dann angewendet werden, wenn erstens der Ersteller der Hypothesen über sehr gute Kenntnisse in dem relevanten Bereich verfügt, zweitens die Probleme nicht bereits seit Langem bestehen und drittens die Probleme nicht existenzbedrohend sind. Treffen diese drei Voraussetzungen nicht zu, sollte immer eine umfassende Ursachenanalyse getroffen werden, um nicht wichtige Dinge zu übersehen.

Am Ende der Ursachenanalyse steht auch der Offenbarungseid: Wer trägt die Verantwortung für diese Situation? Sind Sie schuld, mit schuld, ist der Markt oder sonst jemand schuld an der Situation oder handelt es sich einfach um Misserfolg? Schuld liegt dann vor, wenn fahrlässig oder vorsätzlich gehandelt wurde. Misserfolg heißt, etwas hat nicht wie geplant funktioniert, obwohl alle gut ihre Arbeit gemacht haben. Zum Beispiel: Ein Wettbewerber war schneller mit der neuen Produktidee am Markt. Oder der Kunde entscheidet sich trotz Ihrer guten Beratung für ein Wettbewerbsprodukt.

In allen Fällen müssen Sie Ihren Chef über das Problem informieren. Hoffen Sie nicht darauf, dass das Problem nicht entdeckt wird. Wenn möglich, informieren Sie Ihren Chef wie oben besprochen immer über die drei Punkte Ausgangssituation, Ursachen und mögliche Maßnahmen, um gegenzusteuern. Wenn Sie dieses Vorgehen beherzigen, dann sind solche Gespräche zwar trotzdem nicht einfach und kein angenehmes Kaffeetrinken, aber Sie können sich als guten, verlässlichen und vor allem handlungsfähigen Mitarbeiter profilieren – kurzum, Sie können die Krise als Chance nutzen. Wenn Sie so in einem Gespräch vorgehen, dann werden Sie in aller Regel einen guten Eindruck hinterlassen. Sie haben angesichts des Problems nicht den Kopf in den Sand gesteckt, sondern packen das Thema aktiv an. Allerdings beobachten wir vielfach das Dilemma, dass es zwar bekannt ist, dass schlechte Nachrichten schnell kommuniziert werden sollen, dass die Empfänger dieser Nachricht aber immer alles andere als begeistert sind. Das mittelalterliche Muster, dass der Überbringer schlechter Nachrichten geköpft wird, scheint in abgewandelter Form bei manchen immer noch vorhanden zu sein. Als ob dadurch die Tatsache, die der Nachricht zugrunde

liegt, ungeschehen gemacht werden könnte. Vor allem wenn Sie keine (Mit-)Schuld an der Situation trifft, dann sollten Sie bei solchen Reaktionen gegenhalten und einmal fragen, ob es besser wäre, Sie würden Ihren Chef erst sehr viel später informieren. (Ist Ihr Chef sehr gereizt, sprechen Sie ihn später auf diese Situation an. Nutzen Sie dazu die GIFT-Formel am Ende dieses Kapitels.) Und packen Sie ihn bei seinem Ego, dass Sie gehofft haben, dass er mit seiner Erfahrung, seinem Wissen, seinen guten Kontakten usw. noch weitere und vielleicht viel bessere Vorschläge hat, was in dieser Situation zu tun ist. Auch ein Appell, dass Sie nun Hilfe brauchen, wirkt häufig.

Sie fragen sich vielleicht, warum hier immer von Problemen die Rede ist, wo doch ganz zu Beginn schon steht, dass wir ein Problem als Herausforderung ansehen sollen. Nun, nicht jedes Problem lässt sich von vornherein als Herausforderung definieren. Manchmal ist erst die Ursachenanalyse erforderlich, um zu verstehen, worin genau die Herausforderung besteht. Spätestens wenn wir über Maßnahmen reden, reden wir von Herausforderungen und nicht mehr von Problemen. Nehmen wir an, Sie sind für ein IT-Projekt verantwortlich und entwickeln Software für Steuergeräte, die in der Medizintechnik eingesetzt werden. Das heißt, Sie müssen eine relativ fehlerfreie und zuverlässige Software liefern. Sie kämpfen gleichzeitig gegen zu lange Entwicklungszeiten und zu schlechte Qualität. Dieses Problem einfach als Herausforderung, schneller und besser zu entwickeln, umzudefinieren, hilft Ihnen nicht wirklich weiter. Wenn Sie aber nach einer Ursachenanalyse feststellen, dass eine häufige Änderung des Lastenheftes und die Parallelarbeit der Entwickler an mehreren Projekten wesentliche Ursachen für Ihre Probleme sind, dann haben Sie spezifische Herausforderungen: erstens die Aufgaben bereits zu Beginn so detailliert im Lastenheft zu beschreiben und abzustimmen, dass Sie das Lastenheft sozusagen als Basis einfrieren können und keine Änderungen mehr auftreten, und zweitens die Entwickler mit ihrer ganzen Kapazität einzelnen Projekten zuzuordnen. Ein Problem kann noch sehr allgemein sein, eine Herausforderung, die wir meistern wollen, sollte sehr spezifisch sein. Wichtig ist auf jeden Fall, dass wir durch Ursachenanalyse und Entwicklung von Maßnahmen das Problem in eine Herausforderung wandeln. Und mit diesem Schritt weg vom Problem hin zur Herausforderung werden Sie eine wichtige psychologische Änderung bemerken. Probleme drücken uns, sie drücken die Schultern nach vorn und unten, sie bedrücken uns und führen eher zu einer Lähmung. Eine Herausforderung spornt an, wir stellen uns aufrecht der Herausforderung und werden aktiv. Und auch hier gilt der Kreislauf der „Selffulfilling Prophecy". Nutzen Sie also Ihre eigenen positiven Kräfte, indem Sie aus dem Problem eine konkrete Herausforderung machen, die Sie aktiv und erfolgreich anpacken.

Was ist zu tun, wenn Sie selbst schuld bzw. mit schuld sind? Ein Verhalten, das die Schuld auf andere schiebt, lehne ich persönlich ab. Und oft ist es auch zu offensichtlich, dass nicht die Sekretärin die Unterlagen verschludert hat, sondern der Chef selbst. Treffe ich auf solche Menschen, verliere ich sehr viel Respekt ihnen gegenüber und werde selbst sehr vorsichtig, weil ich davon ausgehen muss, dass wenn in unserer gemeinsamen Arbeit etwas schiefläuft, ich der Buhmann bin. Meistens ist es am einfachsten, man entschuldigt sich und verspricht, dass man zukünftig besser aufpassen wird. Wenn die Konsequenzen von größerer Tragweite sind, hilft auch nur die „Flucht nach vorne". Sobald Sie den Fehler entdecken, versuchen Sie gegenzusteuern und holen Ihren Chef ins Boot. Meist ist es dann nicht so schlimm. Und wenn die Fehler nur einmal vorkommen, wird man Ihnen in aller Regel das auch nachsehen. Und wenn da ein völlig zerknirschter Mitarbeiter vor einem sitzt, der einem einen unterlaufenen Fehler sozusagen „beichtet", dann sind die meisten Chefs auch eher milde gestimmt.

Die positive Wirkung von Psychologie können Sie auch nutzen, wenn Sie in Gesprächen oder bei Präsentationen in schwierige Situationen geraten. Wenn Sie jemand angreift, Ihre Argumente hinterfragt, dann nehmen Sie das bitte als positives Zeichen: Hier setzt sich jemand mit Ihnen und Ihrer Idee auseinander. Bevor Sie reagieren, holen Sie tief Luft und vor allem bleiben Sie ruhig. Als Nächstes versuchen Sie zu verstehen, was der andere in diesem Moment will. Nutzen Sie in solchen Situationen vor allem Fragen. Fragen Sie, was er genau meint, und stellen Sie so sicher, dass Sie ihn verstehen. Im Folgenden ein paar Tipps für kritische Situationen:

→ Kontroverse Diskussion: Fassen Sie während der Diskussion immer wieder den aktuellen Stand zusammen. Heben Sie hervor, wo Konsens besteht – so schaffen Sie Gemeinsamkeiten in schwierigen Gesprächen. Halten Sie fest, wo Dissens besteht. Wenn Sie den Dissens in dieser Diskussion nicht auflösen können, dann überlegen Sie gemeinsam mit Ihrem Gesprächspartner, wie Sie zusammen zu einer Lösung kommen können, z. B. welche zusätzlichen Informationen Sie benötigen, wer mit einbezogen werden muss und wer bis wann was macht. So schaffen Sie es, die kontroverse Diskussion zu versachlichen.

→ Angriffe vor Publikum: Sie werden von einem Gesprächsteilnehmer bei einem Vortrag oder einem Meeting mit mehreren Teilnehmern heftig angegriffen. Erstens müssen Sie wie oben beschrieben ruhig bleiben! Atmen Sie tief durch. Dann versuchen Sie zu verstehen, warum Sie angegriffen werden. Nutzen Sie dazu Fragen. Fragen sind eine ganz wunderbare Methode. Zum einen behalten Sie dabei die Führung – wer fragt, der führt – und zum anderen bekommen Sie wichtige zusätzliche Informationen. Stellen Sie sicher, dass Sie den Gesprächsteilnehmer richtig verstanden haben. Bei unsinnigen Fragen hilft es häufig, dass Sie den Gesprächspartner zurückfragen, ob Sie ihn richtig verstanden haben, dass er das und das meine. Auch eine Gegenfrage ist häufig ein gutes Mittel, um Angriffe zu stoppen. Mit geschicktem Fragen können Sie auch die Diskussion versachlichen, oder Sie greifen mit einer Frage einen unwesentlichen Aspekt des Angriffs auf und lenken von dem Angriff ab und zu Ihrem Thema zurück. Und schließlich können Sie die Angelegenheit vertagen. Die erste Möglichkeit zu vertagen: Sie danken dem Gesprächsteilnehmer für seine Frage und antworten, dass Sie ihm seine Frage gerne nach Ihrem Vortrag beantworten. Sie möchten jetzt Ihren Vortrag fortsetzen, da Ihre Vortragszeit nur kurz ist und Sie Ihren Gedanken gerne komplett vorstellen möchten. Eine zweite Möglichkeit des Vertagens ist, dass Sie sagen, Sie möchten darüber noch einmal nachdenken oder brauchen zusätzliche Informationen, und Sie kommen zu einem späteren Zeitpunkt auf den Frager zurück.

→ Angriffe in Vieraugengesprächen: Versachlichen Sie den Angriff. Versuchen Sie wiederum durch Fragen zu verstehen, was das Interesse Ihres Gegenübers ist. Nur wenn Sie die Interessen Ihres Gesprächspartners in der jeweiligen Angelegenheit verstehen, werden Sie zu einer guten Lösung kommen. Vermeiden Sie alle Aggressoren (siehe Kapitel 2.2.2). Geben Sie keinesfalls leichtfertig Ihre Position und Ihre Interessen auf.

→ Blockade: Jemand blockiert Ihre Ideen und geht auf keines Ihrer Argumente ein. Sobald Sie die Situation durchschaut haben, fragen Sie Ihren Gesprächspartner, wie es nun weitergehen soll. Sie können beide noch stundenlang mit ihren Argumenten „Pingpong" spielen oder Sie führen eine echte Diskussion und setzen sich mit den Argumenten auseinander. Nutzen Sie in diesem Fall die Methodik fragen („Wie machen wir nun weiter – wie kommen wir zu einer Lösung, die wir beide mittragen können?") und schweigen. Schweigen ist ein hervorragendes Mittel, um sich durchzusetzen.

→ Unfaire Angriffe: Solche Angriffe können Sie mit der Gegenfrage „Wie bitte?" kontern oder Sie äußern klar, dass Sie nun gerne sachlich im Thema weitermachen möchten. Hinterher sollten Sie unter vier Augen dem „unfairen Angreifer" nochmals deutlich machen, dass Sie seinen Kommentar unfair oder überflüssig fanden, um zukünftig solche Angriffe zu vermeiden. Wenn Sie Kritik äußern, dann beherzigen Sie bitte folgende Grundregeln, damit Ihre Kritik gut ankommt, der Kritisierte sein Gesicht wahrt und auch Sie sich hinterher gut fühlen (GIFT-Formel):

G Gesicht wahren: Lassen Sie Ihr Gegenüber sein Gesicht wahren; äußern Sie die Kritik unter vier Augen und bleiben Sie kurz und sachlich. Vermeiden Sie eine Diskussion.

I Ich-Form: Äußern Sie Kritik immer in der Ich-Form: Was hat Sie gestört oder verletzt? Ihre Kritik können Sie beispielsweise mit einem Satz wie „Ich hatte das Gefühl…" beginnen.

F Freundlich: Bleiben Sie freundlich, sowohl im Gesichtsausdruck als auch in der Wortwahl und der Stimme. Vermeiden Sie harsche Töne und beleidigende Worte.

T Trauen Sie sich: Üben Sie zeitnah Kritik und äußern Sie, was Sie sich zukünftig anders wünschen.

Wenn Sie diese Formel beherzigen, dann ist Kritik von Ihnen kein Gift, sondern entspricht viel eher der englischen Bedeutung des Wortes, nämlich einem Geschenk. Konstruktive Kritik und konstruktives Feedback bieten uns und auch anderen die Chance, sich weiterzuentwickeln und sind daher ein Geschenk.

Am Ende dieses Kapitels noch eine kleine Ermutigung: Lassen Sie sich durch Misserfolge nicht entmutigen. Gute Führungskräfte schaffen es auch, mit Misserfolgen umzugehen, sich nicht demotivieren zu lassen, sondern auch in solch schwierigen Zeiten systematisch den Weg für zukünftige Erfolge zu suchen und zu bereiten. Gerade in wirtschaftlich schwierigen Zeiten werden Führungskräfte, die einen solchen Lackmustest schon einmal bestanden haben, geschätzt. Sehen Sie solche schwierigen Zeiten als Herausforderung und Möglichkeit, viel zu lernen, an. Suchen Sie Hilfe und Unterstützung und bemühen Sie sich, Ihre Motivation zu behalten. Und häufig werden Sie es dann – sicher mit harter und viel Arbeit – schaffen, auf den Erfolgspfad zurückzukehren.

Abschließend noch eine Bemerkung zu der leider verbreiteten Unsitte, die Schuld anderen in die Schuhe zu schieben. Für eine gute Führungskraft gilt folgende Regel: Fehler der eigenen Abteilung sind nach außen und nach oben immer die eigenen Fehler (also Fehler, für die die Führungskraft verantwortlich ist; nach innen gegenüber den Mitarbeitern wird es natürlich richtiggestellt). Und übrigens: Erfolge sind immer Erfolge der Mitarbeiter (es sei denn, die Führungskraft hat es wirklich selbst gemacht).

SELBSTÜBUNG
TUE GUTES UND REDE DARÜBER

Am Ende dieses Kapitels gibt es zwei Angebote zur Selbstübung:

Übung 1: Sie beobachten gerade ein Problem in Ihrem Arbeitsbereich

1. Beschreiben Sie das Problem so genau wie möglich.

2. Ermitteln Sie erste Ursachen.

3. Überlegen Sie, welche Maßnahmen geeignet sind, um das Problem zu lösen.

4. Definieren Sie das Problem in eine Herausforderung um.

5. Informieren Sie Ihren Chef (für die Schritte 1 bis 4 sollten Sie nur einige Tage benötigen).

Übung 2: Analyse des Umgangs mit dem letzten Problem

1. Welches war das letzte größere Problem bei Ihrer Arbeit?

2. Haben Sie Ihren Chef informiert? Wann und mit welchen Informationen?

3. Wie hat Ihr Chef reagiert? Was hätten Sie besser machen können?

4. Wenn Sie Ihren Chef nicht informiert haben, warum nicht? Wie hätten Sie Ihren Chef gut informieren können?

5. Schreiben Sie sich drei Dinge auf, auf die Sie persönlich achten wollen, wenn Sie das nächste Mal Ihren Chef über eine Herausforderung/ein Problem informieren.

3.6 SCHAFFEN SIE SICH MARKETINGPLATTFORMEN

Unerlässlich für die Karriere: Werden Sie bei den Entscheidungsträgern bekannt
Wer ist der Ranghöchste bei Ihrer Arbeit, der Sie kennt, und welches Bild hat er wohl von Ihnen?

Viele Menschen möchten gerne beruflich weiterkommen und Karriere machen und wundern sich, warum das trotz ihrer guten Arbeit nicht klappt. Häufig gibt es eine ganz einfache Erklärung dafür: Sie sind bei den Entscheidungsträgern, die über die Beförderung entscheiden, nicht bekannt. Es ist aus zwei Gründen wichtig, in den sogenannten höheren Etagen bekannt zu sein. Zum einen, weil Sie sich nicht darauf verlassen können, dass Ihr Chef sich für Ihre Beförderung einsetzt, und zum anderen, weil die Entscheidungsträger meistens nur Menschen befördern, die sie kennen. Es leuchtet Ihnen nicht ein, warum Ihr Chef Sie nicht für eine Beförderung vorschlagen sollte, zumal Sie immer hervorragende Arbeit leisten und Ihr Chef Ihnen immer wieder sagt, wie sehr er Ihre Arbeit schätzt? Nun, vielleicht haben Sie Glück und Ihr Chef gehört zu der kleinen Gruppe, die gute Mitarbeiter fördert. Viel wahrscheinlicher gehört Ihr Chef zu der Gruppe von Führungskräften, die eine Karriere ihrer Mitarbeiter eher blockieren. Drei von vier Unternehmen bereitet nach einer IBM-Studie die interne Nachwuchsarbeit großes Kopfzerbrechen, da viele Manager sich sträuben, ihre guten Mitarbeiter weiterzugeben. Die Begründung für dieses Verhalten ist einfach und plausibel: Ihr Chef hat ein hohes Eigeninteresse, gute Mitarbeiter zu behalten. Wenn er Sie als guten Mitarbeiter für eine Beförderung vorschlägt, dann hat er selbst ein Problem – er muss nämlich einen guten Mitarbeiter ersetzen. Das heißt, er hat die Mühe, einen neuen Mitarbeiter einzulernen. Und es besteht dadurch die Gefahr, dass die Arbeit seines Teams zumindest kurzfristig schlechter wird, weil ein wichtiger Mitarbeiter dem Team fehlt. Eventuell gefährdet er sogar seinen Bonus mit Ihrer Beförderung. Sie sollten daher in aller Regel von Ihrem Chef nicht zu viel Unterstützung für Ihre Karriere erwarten. Anders stellt sich die Situation dar, wenn Ihr Chef selbst Karriere macht. Dann gibt es häufig Parallelbeförderungen, d. h., der Chef nimmt seine guten Leute mit und diese steigen entsprechend auf. In keinem Fall schadet es, wenn Sie sich selbst bei den Entscheidungsträgern bekannt machen, um der Karrierefalle des Sie festhaltenden Chefs zu umgehen.

Was sollten die Entscheidungsträger von Ihnen im Kopf haben? Zuallererst müssen Sie die Entscheidungsträger kennen. In den 90er-Jahren veröffentlichte IBM in den USA eine interne Studie über die relevanten Beförderungskriterien. Dazu wurden Abteilungsleiter und Personalreferenten nach den Qualitäten befragt, die ein Kandidat für eine Beförderung mitbringen muss. Ganz oben auf der Liste steht mit 60 % Networking. Entsprechende Kontakte und Beziehungen sind unverzichtbar für eine Beförderung. Weitere 30 % macht die Selbstdarstellung aus, also der Eindruck, den eine Person erweckt. Und nur klägliche 10 % bekommt die fachliche Leistung. Allerdings sollten Sie daraus nicht den Umkehrschluss ziehen, dass Leistung keine Rolle spielt. Ohne Leistung ist es schwer, eine Karriere zu machen und erfolgreich zu sein. Aber gute Leistung alleine reicht nicht. Nur wer bekannt ist, wird befördert. Am einfachsten ist es, wenn Ihr Name bekannt ist, aber es geht auch anders.

Wenn Sie Karriere machen wollen, ist es unerlässlich, dass Sie bekannt werden. Natürlich ist nicht jedes Mittel recht dafür, aber es gibt viele Möglichkeiten, die Sie nutzen sollten. Werden Sie aufgefordert, eine Präsentation zu halten, dann zieren Sie sich nicht, sondern sagen gerne zu! Das ist eine einmalige Chance.

In den vorangegangenen Kapiteln haben wir uns damit beschäftigt, wie Sie Ihre eigene Arbeit darstellen und wie Sie über Ihre Arbeit reden sollen. Wir haben besprochen, wie Sie sich gut in Krisen behaupten können. Nun gehen wir noch einen Schritt weiter und überlegen, wie Sie aktiv für sich Marketing machen können, damit Sie bei den Entscheidungsträgern bekannt werden und gute Karrierechancen haben. Dass dafür natürlich auch hervorragende Arbeit erforderlich ist, setze ich als Selbstverständlichkeit voraus. Die Erfolgs-DNS ist ein guter Leitfaden und zeigt mit den drei Elementen „Dabei sein", „Networking" und „Sternstunden schaffen", worauf es ankommt.

D Dabei sein

N Networking

S Sternstunden schaffen

Dabei sein. Eine ganz einfache Empfehlung lautet: Seien Sie dabei, wenn wichtige Dinge anstehen oder wenn Sie wichtige Leute treffen können. Sei es bei einem Sommerfest, sei es bei einem Umtrunk, sei es bei einer Produktpräsentation. In jeder Firma, an jedem wissenschaftlichen Institut, in jeder Organisation gibt es Anlässe, bei denen genau beobachtet wird, wer da ist. Nutzen Sie solche Veranstaltungen. Sie haben die Chance, Ihre Kontakte in die Firma zu erweitern. Und Kontakte sind der Schlüssel für Ihre Karriere. Kontakte und Beziehungen sind schließlich das allerwichtigste Kriterium für Beförderungen. Daher ist es sehr wichtig, dass Sie Möglichkeiten der Kontaktpflege in Ihrer Arbeitsumgebung nutzen.

Manche Menschen tun sich mit solchen Veranstaltungen sehr schwer. Sie fühlen sich unwohl dabei, unbekannte Menschen anzusprechen, sie mögen diese Kontaktpflege nicht. Dann betrachten Sie das Ganze doch mal mit einer anderen Brille – als Chance, neue interessante Menschen kennenzulernen. Und Sie werden feststellen, dass zuhören mindestens ebenso wichtig ist wie selbst erzählen. Gut geeignet für einen Gesprächseinstieg sind die typischen Small-Talk-Themen. Loben Sie die Veranstaltung (es sei denn, es ist objektiv wirklich fürchterlich), oder wenn Sie Ihren Gesprächspartner bereits flüchtig kennen, suchen Sie nach Anknüpfungspunkten. Vielleicht gibt es etwas, das Sie loben möchten, oder eine Frage, die Sie schon lange haben. Die meisten Menschen freuen sich über ein ehrliches Lob oder wenn sich jemand für Ihre Arbeit interessiert. Und Sie werden sehr viel erfahren, wenn Sie gut zuhören können. Stellen Sie dabei sicher, dass Sie ein paar interessante Punkte zu Ihrer Person loswerden, z. B. warum Sie diese Frage interessiert. Der Gesprächspartner soll sich hinterher positiv und aktiv an Sie erinnern. Nicht nur als die nette Person, mit der ich mich so nett unterhalten habe, an deren Namen ich mich aber nicht erinnern kann. Sondern an die Steuerfachfrau Paula Bischoff, die mir eine echt gute Frage gestellt hat und mit der ich mich blendend unterhalten habe. So bleiben Sie in positiver und aktiver Erinnerung. Dafür ist es unerlässlich, dass Sie Ihre Aufzugsrede beherrschen. Mit der Aufzugsrede ist eine Kurzvorstellung Ihrer Person gemeint.

Neben den Kontakten in der Firma sind natürlich Kontakte außerhalb der Firma ebenfalls von sehr großer Bedeutung. Viele Menschen wechseln im Laufe des Berufslebens ihren Arbeitgeber und da ist es dann umso wichtiger, z. B. in der Branche bekannt zu sein. Networking ist das passende Schlagwort dazu. Dazu gehört, dass Sie auf den Fachkonferenzen oder Fachmessen präsent sind, dass Sie mit allen möglichen Leuten Kontakte knüpfen und pflegen.

In der Selbstübung erhalten Sie ein paar konkrete Vorschläge, um Ihr Networking zu stärken. Nehmen Sie sich systematisch vor, Kontakte zu pflegen, und tun Sie es auch! Einige Networking-Spezialisten pflegen drei solcher Kontakte pro Tag. Nutzen Sie Ihre vorhandenen Kontakte, um zusätzliche Kontakte zu knüpfen. Networking-Experten behaupten, dass es nur sieben Zwischenkontakte braucht, um sogar einen Kontakt zum amerikanischen Präsidenten herzustellen. Beachten Sie dabei die Selbstverständlichkeit, dass Geben und Nehmen zusammengehören, also helfen Sie mit Ihren Kontakten auch anderen Menschen.

Schließlich benötigen Sie noch Sternstunden. Sie haben die Möglichkeit, einen Vortrag vor einem erlesenen Kreis zu halten – nutzen Sie diese Chance. Sie treffen zufällig den Vorstand – nutzen Sie diese Chance. Sternstunden können auf zweierlei Art und Weise entstehen: Zum einen tun sich solche Sternstunden manchmal plötzlich auf – Sie müssen dann „nur" die Gunst der Stunde nutzen –, zum anderen können Sie versuchen, sich Sternstunden zu schaffen. Wie kann man Sternstunden schaffen? Dazu müssen Sie zunächst einmal überlegen, was für Sie eine Sternstunde sein könnte. Wo könnten Sie optimal Ihren USP unter Beweis stellen? Vielleicht bei einem Projekt, bei der Übernahme einer bestimmten Aufgabe usw. Dann arbeiten Sie

systematisch darauf hin, dieses Projekt, diese Aufgabe zu bekommen. Bitten Sie Ihren Chef, Ihnen zu helfen, dieses Projekt oder diese Aufgabe zu bekommen. Sie meinen, das wird nicht funktionieren (zumal wir eingangs festgestellt haben, dass die meisten Chefs gute Mitarbeiter ungern für Beförderungen vorschlagen oder für andere Aufgaben freistellen)? Überlegen Sie, was Sie Ihrem Chef im Gegenzug anbieten können, wenn er Ihnen hier hilft. Sicher können Sie mit einigem Nachdenken eine Win-win-Situation schaffen, d. h., Sie und Ihr Chef profitieren beide davon, wenn Ihr Chef Sie unterstützt. Was eine Sternstunde ist, ist für jeden anders.

Noch eine Bemerkung zum Schluss: Sie kennen sicher das Sprichwort „Es ist noch kein Meister vom Himmel gefallen." Das gilt auch für das Selbstmarketing. Um für Sternstunden (aber nicht nur für solche) gut gerüstet zu sein, empfiehlt es sich, Probebühnen zu nutzen, um Ihren Auftritt und die übermittelte Botschaft zu proben. Nutzen Sie also eine Vorstellung Ihres Projektes vor Kollegen, um Präsentationserfahrung zu sammeln. Nutzen Sie Diskussionen mit Kollegen, um die Kraft Ihrer Argumentation zu testen. Wichtig ist, dass Sie hinterher analysieren, was gut war und was Sie anders bzw. besser machen sollten. Mit einem solchen Training sind Sie dann auf die seltenen Sternstunden bestens vorbereitet.

SELBSTÜBUNG
MARKETINGPLATTFORMEN

1. Nehmen Sie sich vor, jede Woche einen Kontakt außerhalb Ihrer regulären Arbeit wiederaufzugreifen oder zu vertiefen, z. B. ehemalige Kollegen, Studienfreunde usw.

2. Überlegen Sie, wo es für Sie „Probebühnen" gibt. Nutzen Sie systematisch solche Probebühnen, um Erfahrungen zu sammeln.

3.7 DIE KÜR: ANDERE WERBEN FÜR SIE

Bringen Sie andere Menschen dazu, Ihr Selbstmarketing zu übernehmen
Wann haben Sie zuletzt einen Kollegen gegenüber Dritten gelobt? Und warum?
Wer lobt Sie in Ihrem beruflichen Umfeld gegenüber Dritten?

Obwohl wir wissen, wie wichtig es ist, dass die eigene Person bekannt wird, fällt es uns häufig schwer, die Werbetrommel in eigener Sache zu rühren. Viel einfacher und zudem glaubwürdiger ist es, wenn andere uns vor Dritten loben, andere sagen, was wir alles Tolles machen. Welcher Mensch freut sich nicht, wenn der Chef die eigene Arbeit vor versammelter Mannschaft lobt. Wer freut sich nicht, wenn er erfährt, dass im Führungskreis wohlwollend über die eigene Projektarbeit gesprochen wurde. Die Liste an Beispielen lässt sich beliebig fortsetzen. Wie können wir es schaffen, dass andere die Werbung für uns übernehmen, und zwar möglichst in der von uns gewünschten Art und Weise? Die Antwort auf diese Frage wollen wir in drei Etappen erarbeiten: Zunächst rufen wir uns die erforderlichen Voraussetzungen für überzeugendes Selbstmarketing in Erinnerung. Dann beantworten wir den ersten Teil der Frage, wie wir es schaffen, dass andere für uns werben, und zum Schluss beschäftigen wir uns mit der Frage, wie wir den Inhalt der Werbung beeinflussen können.

Eine Kür ohne Pflicht funktioniert nicht. Daher wollen wir uns zunächst noch einmal kurz die Pflicht in Erinnerung rufen. Wenn Sie und Ihre Arbeit nicht bekannt sind, wird es zu keiner Kür kommen. Sie müssen bei den Menschen, die für Sie werben sollen, mit Ihren Stärken, Ihren Fähigkeiten, Ihrem Wissen und/oder Ihren Werten bekannt sein. Im Marketing gibt es dazu das schöne Bild „top of mind". Das bedeutet, wenn eines der relevanten Stichwörter zu meiner Person fällt, z. B. die Sprache auf meine Funktion, meine Stärken, mein Wissen kommt, dann sollte mein Name bzw. meine Person sofort und als Erstes ins Gedächtnis kommen. Auch eine andere Marketingbegrifflichkeit hilft uns hier weiter. Im Marketing unterscheidet man bei Marken die gestützte und ungestützte Bekanntheit. Nehmen wir als Beispiel unsere Bundeskanzlerin. Auf die Frage „Kennen Sie Angela Merkel, unsere Bundeskanzlerin?" antworten fast 100 % mit Ja, d. h., die gestützte Bekanntheit von Angela Merkel liegt bei knapp 100 %. Die ungestützte Bekanntheit wird durch die Frage „Kennen Sie unsere derzeitige Bundeskanzlerin?" ermittelt – hier liegt die Quote derer, die mit Angela Merkel die Frage richtig beantworten können, sehr viel niedriger – wahrscheinlich um die 50 %. Am besten ist es für Sie, wenn Sie ungestützt bei vielen wichtigen und einflussreichen Personen bekannt sind, also diese spontan an Sie denken, wenn die Rede auf Ihren Fachbereich oder auf Ihre Stärken kommt.

Nach der Pflicht kommt die Kür, für die vier Schlüsselbegriffe wichtig sind: bitten, helfen, danken und loben. Wie stark sie diese vier Elemente einsetzen, variiert je nachdem, wie groß die Eigeninitiative Ihres Werbeboten ist. In Abbildung 23 sind diese Dimensionen und die unterschiedlichen Formen von Werbeboten dargestellt. Viele Werbeboten werden Sie wahrscheinlich gar nicht als solche ansehen. Was macht jemand, der einen anderen Menschen bei einer Sitzung oder einer Konferenz vorstellt? Er macht Werbung für diesen. Ob er sie gut macht, ist eine zweite Frage, die wir später genauer beantworten wollen. Wahrscheinlich sind auch für Sie bereits zahlreiche Werbeboten unterwegs, die Sie bisher gar nicht als solche wahrgenommen haben. Nutzen Sie diese Möglichkeiten und Sie werden sehen und erleben – die Werbeboten machen das sehr gerne! Wenn Sie z. B. als Steuerexperte zu einer Sitzung dazugerufen werden, dann bitten Sie doch den Sitzungsleiter bzw. denjenigen, der Sie zu der Sitzung dazugerufen hat, Sie kurz den Teilnehmern vorzustellen und Ihnen die Teilnehmer vorzustellen, wenn Ihnen nicht alle Anwesenden bekannt sind. Es wirkt gleich ganz anders, wenn Sie der Sitzungsleiter als die Topsteuerexpertin Paula Bischoff vorstellt. Wenn Sie sich selbst vorstellen müssten, würden Sie sich wahrscheinlich nur als Steuerexpertin vorstellen. Ein Lob von dritter Seite wirkt immer doppelt so gut. Gleichzeitig wird der Sitzungsleiter überhaupt kein Problem damit haben, Sie vorzustellen, wird doch damit seine Rolle als Verantwortlicher für diese Sitzung unterstrichen.

Zwei weitere Schlüsselwörter sind „loben" und „danken". Viele Menschen vergessen das Loben. Im Schwäbischen gibt es die Redewendung: „Nicht geschimpft ist schon genug gelobt" – das ist natürlich völliger Blödsinn. Loben ist unglaublich wichtig. In der Erziehungspädagogik gilt längst, dass man mit Loben viel mehr erreichen kann als mit Schimpfen. Für das Management hat der Führungsexperte Ken Blanchard den situativen Führungsstil zu einem auf Lob ausgerichteten Führungsstil weiterentwickelt. Er gibt in überzeugender Art und Weise Loben anstelle von Schimpfen als Hauptführungsinstrument für die Führung von Mitarbeitern, aber auch für das Privatleben aus. Loben hat nichts mit Einschmeicheln gemein. Loben steht für echte und ehrlich gemeinte Anerkennung. Es drückt eine Wertschätzung des Menschen und seiner Arbeit aus. Damit ist aber auch klar, wer nur dann lobt, wenn er etwas von einem anderen Menschen braucht, ist unglaubwürdig, denn wo bleibt sonst die Wertschätzung des anderen Menschen? Sorgen Sie also kontinuierlich dafür, dass Sie lobenswerte Dinge auch loben. Wir alle freuen uns, wenn wir gelobt werden, und wir wiederholen häufig dieses Verhalten, das zu dem Lob geführt hat. Also loben Sie Ihre Werbeboten, damit diese auch weiterhin für Sie unterwegs sind.

Ebenso wichtig wie das Loben ist das Danken. Wann haben Sie sich zuletzt über jemanden geärgert, weil er zu Ihnen nicht einmal Danke gesagt hat? Wahrscheinlich ist das noch gar nicht lange her. Wir predigen zwar unseren Kindern, immer Bitte und Danke zu sagen, aber selbst sind die meisten von uns hier nicht sehr konsequent. Wenn es einen Anlass zu danken gibt, dann tun Sie es bitte. Es wird Ihnen jemand viel lieber und schneller einen Gefallen tun, wenn er weiß, Sie bedanken sich und Sie haben sich bisher immer bedankt. Danken kann auch für Ihre Karriere wichtig sein. So beförderte ein technischer Produktchef von drei möglichen hoch qualifizierten Ingenieuren denjenigen zum Teamleiter, der ihm neben seiner fachlichen Qualifikation dadurch aufgefallen war, dass er auch mal Danke sagte.

Zurück zu unserem Beispiel: Nutzen Sie die Möglichkeit, wenn Sie irgendwo noch nicht bekannt sind, sich durch andere Menschen vorstellen zu lassen. Wenn Sie Kollegen oder andere Menschen höflich darum bitten, Sie Dritten vorzustellen, wird Ihnen in aller Regel dieser Wunsch auch erfüllt werden.

Neben loben, danken und bitten ist der vierte Schlüsselbegriff noch wichtig: helfen. Helfen Sie Ihrem Werbeboten, die richtige Botschaft zu vermitteln. Stellen Sie sich vor, Sie treten bei einer großen Konferenz mit einem eigenen Vortrag auf. Der Moderator muss viele Personen ankündigen. Er wird Ihnen sehr dankbar sein, wenn Sie rechtzeitig vor dem Vortrag auf ihn zugehen und sich kurz vorstellen. Wenn er Sie nicht sehr gut kennt, bieten Sie ihm ein paar Informationen zu Ihrer Person und Ihrem Vortrag an. Diese haben Sie natürlich fertig vorbereitet auf einer Seite zusammengestellt (gut lesbar, maximal drei Botschaften). Die allermeisten Moderatoren werden Ihnen dankbar sein und gerne Ihren Vorschlag aufgreifen. Beherzigen Sie dabei die Regel, dass die Botschaften zu Ihrer Person und Ihrem Vortrag kurz, prägnant und klar sein müssen, denn sonst schleichen sich leicht Missverständnisse ein.

Helfen gilt hier auch im Sinne von Geben und Nehmen. Es geht dabei um die klassische Regel, wer mir einmal hilft, hat zukünftig etwas gut. In diesem Sinne ist helfen eine sehr gute Investition, um sich später von den Kollegen z. B. als Werbeboten helfen zu lassen. Und dann gilt wieder: Danken und loben, ansonsten werden Ihre Werbeboten Ihre Arbeit schnell

einstellen. Neben den von Ihnen ausgewählten Werbeboten gibt es noch zahlreiche, die ohne Ihr aktives Zutun anderen von Ihnen erzählen. Sorgen Sie durch die Erfüllung Ihres „Pflichtteils" dafür, dass es positive Dinge von Ihnen zu erzählen gibt. Und wenn Sie es schaffen, mit Ihrem USP deutlich aus der Masse herauszuragen, dann wird Ihr berufliches Umfeld automatisch über Sie reden und Ihr Marketing übernehmen.

Abb. 23
Andere werben für Sie

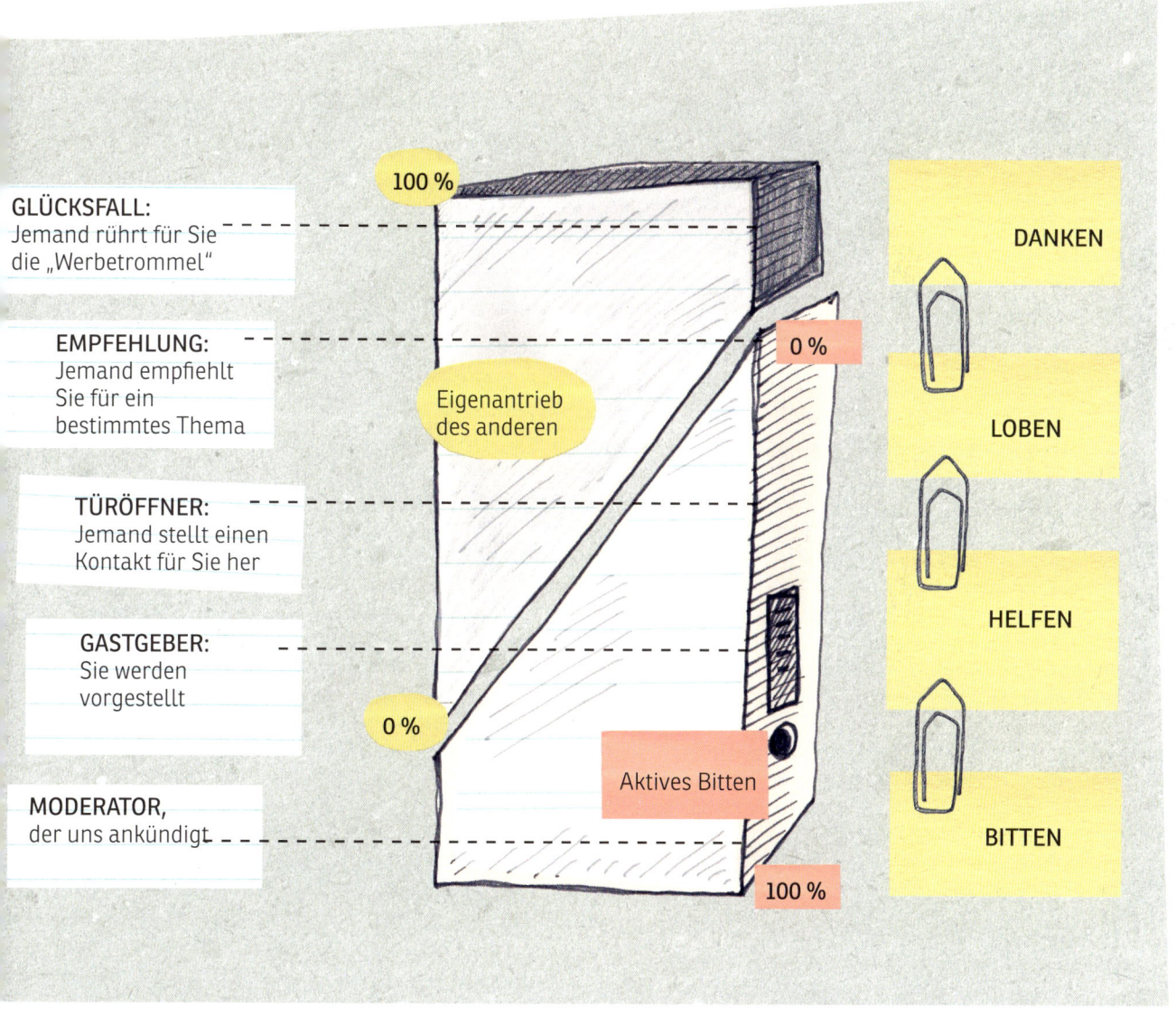

GLÜCKSFALL:
Jemand rührt für Sie die „Werbetrommel"

EMPFEHLUNG:
Jemand empfiehlt Sie für ein bestimmtes Thema

TÜRÖFFNER:
Jemand stellt einen Kontakt für Sie her

GASTGEBER:
Sie werden vorgestellt

MODERATOR,
der uns ankündigt

100 %

0 %

Eigenantrieb des anderen

0 %

Aktives Bitten

100 %

DANKEN

LOBEN

HELFEN

BITTEN

Nun bleibt noch die Frage: Wie stellen wir sicher, dass die Werbeboten genau die Botschaft vermitteln, die Sie für wichtig halten? Durch Informieren, Loben und Hinterfragen. Die Information haben wir bereits zu Beginn dieses Kapitels besprochen. Immer wenn der Werbebote etwas gut oder gar hervorragend gemacht hat, müssen Sie ihn auch entsprechend loben und sich bedanken. Lief etwas nicht in Ihrem Sinn, dann fragen Sie (entweder direkt den Werbeboten oder zumindest sich selbst), warum Sie mit anderen Eigenschaften als den von Ihnen gewünschten vorgestellt wurden. Sie müssen nun erneut zuerst an der Information arbeiten, d. h. sicherstellen, dass Ihr Werbebote die richtigen Informationen zu Ihnen hat. Und schließlich brauchen Sie als fünftes Element noch Glück. Es ist eben auch Glück, wenn in einer großen Runde gerade Ihr Name in einem positiven Zusammenhang fällt.

Noch zwei wichtige Bemerkungen zum Schluss dieses Kapitels: Wir sprachen mehrfach von Geben und Nehmen. Wer nur nimmt, der wird seine Werbeboten schnell verlieren. Betätigen Sie sich auch selbst als Werbebote und sorgen Sie dafür, dass es ein echtes Geben und Nehmen ist. Und zweitens dürfte klar sein, so etwas funktioniert nur in einem wertschätzenden Umfeld: Nur wenn ich meine Kollegen, Chefs, Mitarbeiter wertschätzend behandle, werden diese gerne Werbeboten für mich werden.

SELBSTÜBUNG
IHRE UNGESTÜTZTE BEKANNTHEIT

1. Identifizieren Sie drei Personen, die Sie gerne als Werbeboten hätten. Bleiben Sie dabei bitte realistisch und suchen Sie sich Personen aus, die in einer Beziehung zu Ihnen stehen (Beispiel: Wenn Sie bei Bosch arbeiten, wäre es zwar wunderschön, wenn Herr Fehrenbach Sie kennt und für Sie Marketing machen würde, dies dürfte aber unrealistisch sein, solange Sie nicht zum engeren Führungskreis oder zum Führungsnachwuchs von Bosch gehören).

_____

_____

_____

2. Überlegen Sie, was diese drei Personen zu Ihnen im Kopf haben könnten.

_____

_____

3. Was sollten diese drei Personen zu Ihnen im Kopf haben?

_____

_____

4. Suchen Sie nach Mitteln und Wegen, diese drei Personen mit gezielten Informationen zu Ihrer Person zu versorgen.

_____

_____

_____

5. Vergessen Sie Danken und Loben nicht!

3.8 ÜBERLISTEN SIE SICH

Tipps und Tricks zum Umgang mit den inneren Bremsern
Welcher Satz Ihrer Eltern aus Ihrer Kindheit begleitet Sie bis heute? Warum fällt es Ihnen schwer, für Ihre eigene Person zu werben?

Schon die Bibel wusste um die Bequemlichkeit der Menschen und hat dieses in dem wunderbaren Spruch „Der Geist ist willig, aber das Fleisch ist schwach" zusammengefasst. Wollen möchten wir schon, aber es tatsächlich tun, fällt uns sehr schwer. Wenn auf Sie das zutrifft, haben Sie keine Veranlassung, frustriert zu sein, sondern Sie teilen dieses Los mit den allermeisten anderen Menschen. Wir wollen hier nach Möglichkeiten suchen, wie wir unser Wollen besser umsetzen können, wie wir uns manchmal überlisten können. Zum Glück ist das Ganze nicht kompliziert.

Zunächst einmal brauchen Sie die Bereitschaft, Ihre Komfortzone zu verlassen. Wer immer nur in der Hängematte liegt, wird die vielen anderen schönen Dinge, die es außerhalb des eigenen Gartens gibt, gar nie entdecken. Muten Sie sich immer wieder neue Dinge zu. Und Sie werden erleben, wie bereichernd das ist. Sie lernen neue Dinge hinzu, Sie entwickeln sich weiter. Und wenn Sie das dann erfolgreich geschafft haben, wird Ihr Körper Sie mit der Ausschüttung von Glückshormonen beglücken. Sie werden stolz auf sich sein und Sie haben wieder etwas Neues gelernt, eine neue Seite an sich entdeckt. Zumuten und zutrauen sind hier die wichtigen Stichworte. Sie zeigen gleichzeitig auch die Grenzen auf. Es wäre vermessen, wenn jemand, der noch nie in den Bergen gewandert ist, sich gleich die Besteigung des Mount Everest zumutet oder gar zutraut. Das wäre purer Leichtsinn, ja wahrscheinlich sogar nicht nur gefährlich, sondern lebensbedrohlich. Beim Zumuten und Zutrauen geht es um eine behutsame Ausdehnung der bisher erfahrenen Grenzen dessen, was wir können. Wir können mehr, als wir bisher können.

Zwei unterschiedliche Dimensionen sollten wir beim Zumuten unterscheiden: Erstens, Sie muten sich mehr zu bei Dingen, die Sie bereits können, oder zweitens, Sie muten sich neue Dinge zu. Sie sind beispielsweise bisher für die Rechnungslegung einer kleinen Tochtergesellschaft zuständig. Nun haben Sie die Chance, die Verantwortung für die Rechnungslegung des Hauptgeschäftes zu bekommen. Die Aufgaben der Rechnungslegung wie Bilanzierung, Jahresabschluss erstellen usw. beherrschen Sie hervorragend. Nun können Sie Ihre Kenntnisse auf einen viel größeren Bereich anwenden. Oder Sie sind bisher Filialleiter eines mittleren Geschäftes. Nun haben Sie die Chance, Filialleiter im größten Geschäft Ihres Konzerns zu werden. In diesen Fällen muten Sie sich mehr in einem Bereich, den Sie an sich beherrschen, zu.

Eine zweite Möglichkeit ist, Sie muten sich neue Dinge zu, für die Sie aber erst noch Fertigkeiten erwerben müssen. Sie arbeiten bisher in der Buchhaltung und haben nun die Chance, die Leitung der Buchhaltung zu übernehmen. Sie beherrschen dann zwar die Buchhaltung, aber die Führungsaufgaben sind neu für Sie. Oder Sie sprechen sehr gut Englisch und wollen nun noch Ihre Französisch-Kenntnisse auf ein gutes Niveau bringen, d. h., Sie erweitern Ihre Sprachkompetenz. Kritisch sind die Fälle, in denen wir uns nur neue Dinge zumuten wollen. Beispielsweise arbeiten Sie bisher in der Buchhaltung und wollen nun ins Marketing wechseln und dann auch noch gleich die Leitung des Marketings übernehmen. Das wird nur in den seltensten Fällen gut gehen und keine seriöse Firma wird ein solches Wagnis mit Ihnen eingehen. Meine Regel lautet: Auf einem Bein sicher stehen, dann kann ich mich mit dem anderen in eine neue Richtung bewegen.

Wenn Sie sich neue Dinge zumuten, dann brauchen Sie das Zutrauen in die eigenen Fähigkeiten, dass Sie das schaffen, und zwar zusätzlich zu Ehrgeiz und Disziplin. Und mit diesem Zutrauen und Selbstvertrauen hapert es vielfach. Wie häufig hören wir Sätze wie „Ich kann das nicht", „Das ist zu schwer für mich", „Das traue ich mir nicht zu." Warum ist das zu schwer für Sie? Warum können Sie das nicht? Dieses Warum bitte ich Sie in allen Fällen sehr ernsthaft zu beantworten. Handelt es sich dabei wirklich um objektive Faktoren? Ein objektiver Faktor wäre, wenn Sie aufgrund eines Herzleidens keinen Leistungssport betreiben können. Oder Sie haben keine Ausbildung als Arzt und können

daher auch nicht als Arzt arbeiten. Aber bereits das letzte Beispiel zeigt, dass wir hier kurzfristig und langfristig unterscheiden müssen. Wenn Sie mit 30 entdecken, dass Arzt Ihr Traumberuf ist, könnten Sie diesen Beruf noch erlernen. Die Frage ist dann, wie wichtig Ihnen das Ziel ist. Wenn Sie bereits einen Beruf haben und eine Familie ernähren, ist die Frage, ob Sie bereit sind, sich und der Familie wirtschaftliche Abstriche und Ihnen eine hohe zeitliche Belastung durch Studium und wahrscheinlich paralleles Zuverdienen zumuten zu wollen. Wenn man etwas wirklich will und alles diesem Ziel unterordnet, dann lassen sich häufig Berge versetzen.

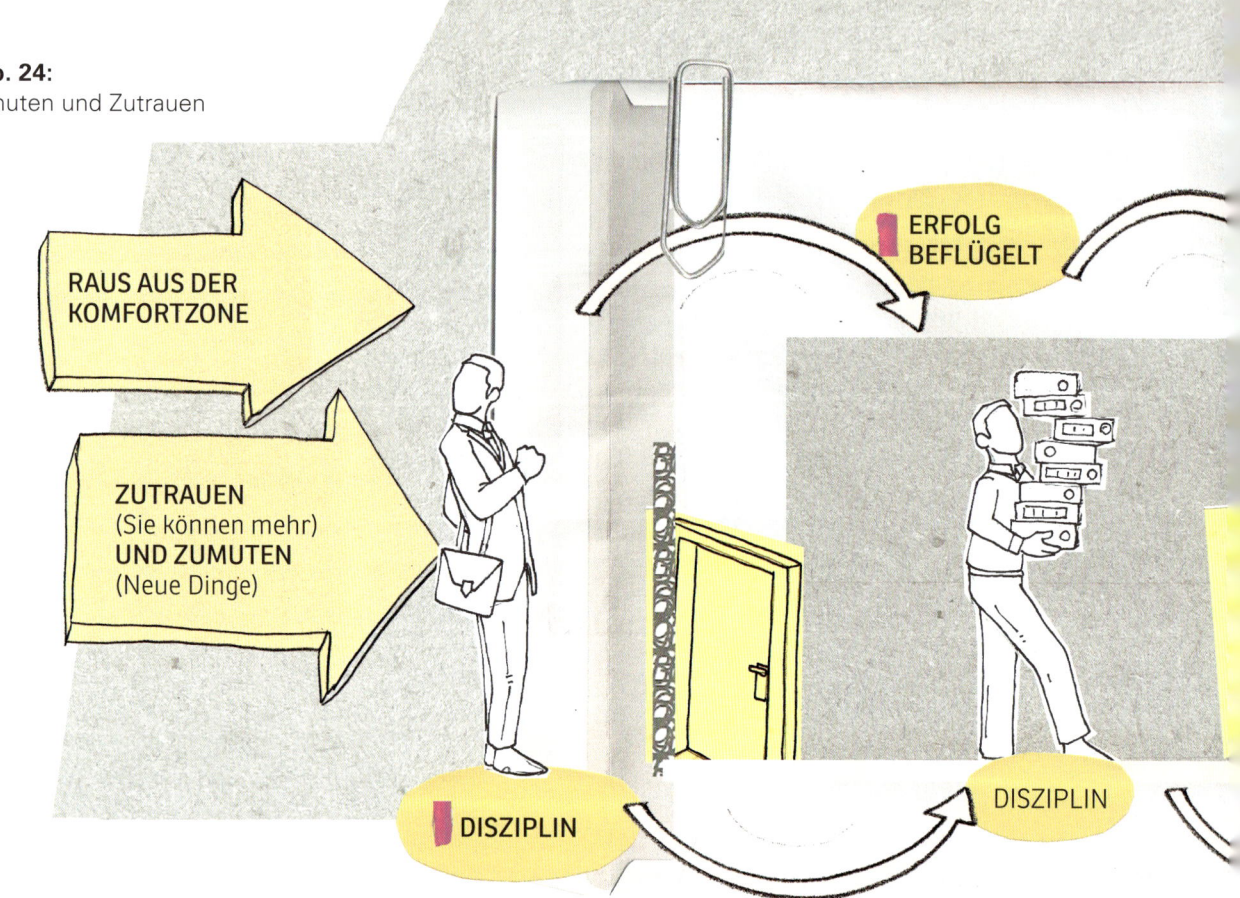

Abb. 24:
Zumuten und Zutrauen

Viel wahrscheinlicher ist dieses „Ich kann das nicht" Ausdruck eines subjektiven Empfindens. Die Ursachen dafür liegen häufig in unserer Kindheit, als wir mit Sprüchen wie „Du kannst das nicht", „Dafür bist du zu klein", „Du kriegst eh nichts auf die Reihe" konfrontiert wurden. Welcher Spruch Ihrer Eltern aus Ihrer Kindheit ist Ihnen heute noch geläufig und begleitet Sie heute noch? Ist es ein ermutigender Spruch wie „Du schaffst das schon", ein auffordernder wie „Wenn du es nicht kannst, dann lernst du es" oder ein entmutigender wie „Das kannst du nicht"? Die meisten Menschen stellen fest, dass diese Sprüche recht fest im Unterbewussten verankert sind und uns noch lange nach unserer Kindheit begleiten. Doch inzwischen sind wir erwachsen und selbst für uns verantwortlich! Wenn die Nachwirkungen solcher Sprüche noch heute Ihr Selbstbewusstsein untergraben, dann sollten Sie schleunigst daran arbeiten, dass dieses sich ändert. Warum sollten Sie etwas nicht können? Sie bringen jede Menge Fähigkeiten mit! Durchbrechen Sie diesen Teufelskreis, indem Sie sich ganz bewusst in kleinen Schritten neue Dinge zumuten. Der Erfolg wird Ihnen zeigen, dass Sie es können, und wird Sie ermutigen, weiterzumachen. Sammeln Sie alle Ihre Erfolgserlebnisse – Sie werden erstaunt sein, wie viele es davon gibt – und rufen Sie sich immer wieder in Erinnerung, was Sie alles können. Loben Sie sich selbst!

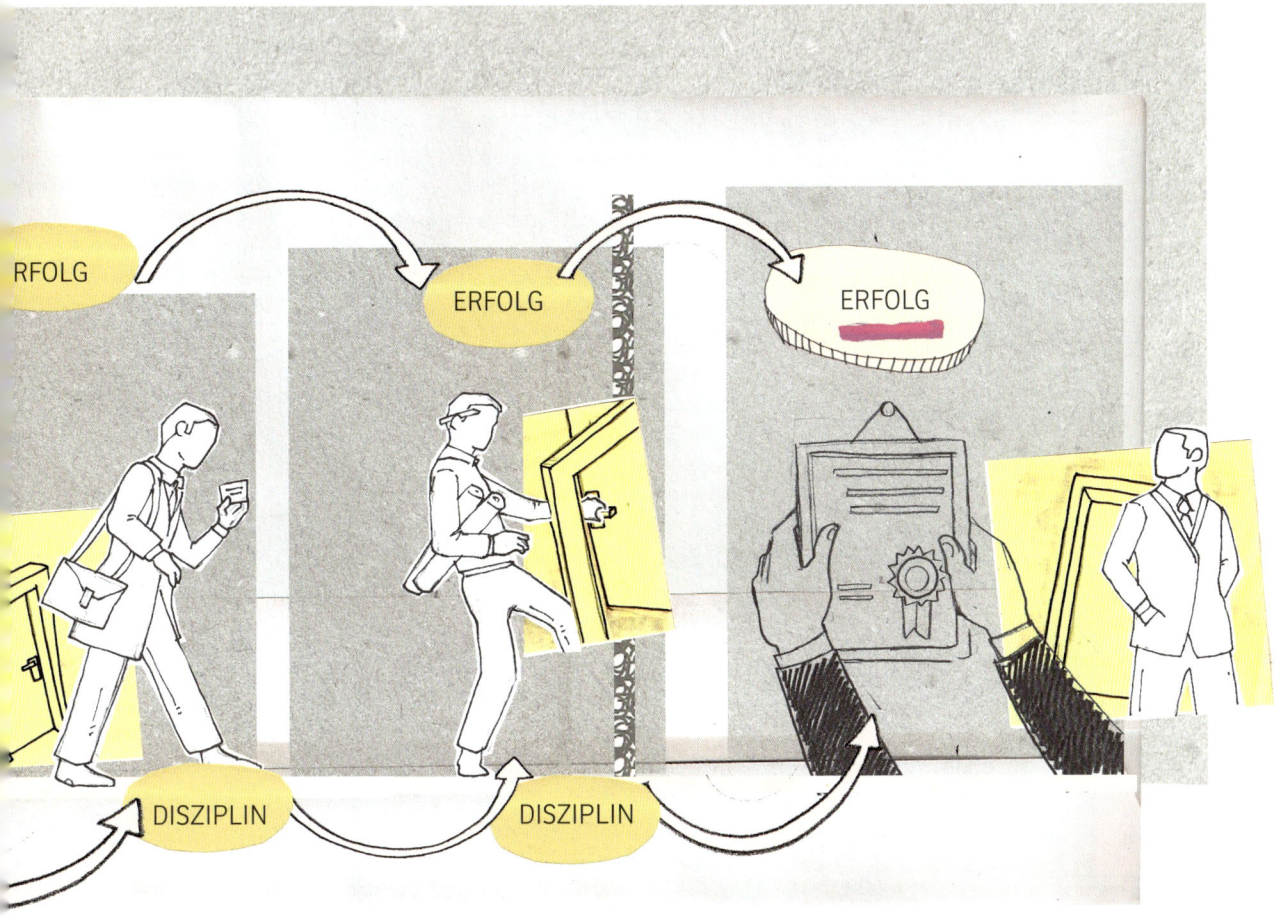

Fangen Sie mit kleinen Schritten an, wie in Abbildung 24 gezeigt. Muten Sie sich nur so viel Neues zu, wie Sie mit großer Sicherheit auch bewältigen werden. Wichtig ist, dass Sie ein Erfolgserlebnis haben. Beim nächsten Mal muten Sie sich mehr zu usw. Und wenn Sie sich einmal zu viel zugemutet haben, wenn Sie keinen Erfolg haben? Geben Sie bitte nicht frustriert auf, denn dann wäre es wirklich ein Misserfolg, sondern nutzen Sie die TANNE-Formel, um es zukünftig besser zu machen. In diesem Fall heißt das:

T Tief durchatmen: Machen Sie die folgende Analyse nicht im tiefsten Frust, sondern in Ruhe.

A Analysieren: Warum waren Sie nicht erfolgreich? Was hätten Sie anders machen sollen? Wo haben sich Rahmenbedingungen geändert, sodass Sie nicht erfolgreich sein konnten?

N Nach vorne orientieren: Was sollten Sie zukünftig anders machen, um das nächste Mal wieder ein Erfolgserlebnis zu haben?

N Nacharbeiten: Lässt sich noch irgendetwas aus diesem Projekt/aus dieser Arbeit nutzen oder retten?

E Evaluation: Nehmen Sie das Positive, das, was Sie gelernt haben, aus dieser Geschichte mit.

Der Aspekt Zutrauen umfasst mehr als nur das eigene Selbstvertrauen. Wir haben die Möglichkeit, die Rahmenbedingungen zu gestalten. Wenn wir z. B. merken, dass wir bei bestimmten Dingen Hilfestellungen brauchen, so sollten wir diese auch einfordern. Ein Kind, das schwimmen lernen möchte, mag es sich vielleicht zutrauen und zumuten, aber ohne Hilfe wird es ihm schwerfallen. Wenn es aber die Hilfen von Schwimmnudel, Schwimmgürtel und einem Schwimmlehrer nutzt, wird es relativ schnell schwimmen lernen. Sie haben noch nie eine eigene Homepage erstellt, wollen das aber nun für sich tun. Sie haben auch keine Ahnung von Programmieren? Dann werden Sie ohne Hilfe wohl kaum eine gute Homepage gestalten können. Wenn Sie sich aber Hilfe aus dem Internet oder einem Buch besorgen, eventuell einen Kurs dazu besuchen und/oder ein Baukastensystem für eine Homepage nutzen, werden Sie relativ schnell in der Lage sein, eine Homepage zu erstellen.

Es ist eine große Kunst, die richtige Hilfe zu bekommen. In der Anfangseuphorie wird dies häufig vergessen. Nehmen Sie sich zu Beginn, wenn Sie sich etwas Neues zumuten, etwas Zeit, um zu überlegen, welche Hilfe Sie brauchen und wer Ihnen wie helfen könnte. Bitten Sie um Hilfe – Sie werden sie in den meisten Fällen bekommen. Und vergessen Sie hinterher das Danken nicht!

SELBSTÜBUNG
ZUMUTEN UND ZUTRAUEN

1. Zutrauen: Gibt es einen Spruch aus Ihrer Kindheit, den Sie heute noch im Kopf haben und der entmutigend wirkt? Wenn ja, überlegen Sie sich zehn Beispiele, wo Sie diesen Spruch widerlegt haben. Schaffen Sie sich einen Gegenspruch, z. B. anstelle von „Ich kann das nicht!" – „Heute kann ich es!" Wann immer Sie viel Selbstvertrauen brauchen, rufen Sie sich Ihren neuen Spruch ins Gedächtnis.

2. Zumuten: Suchen Sie sich eine Sache, die Sie sich ab sofort „zumuten", um sich weiterzuentwickeln. Stellen Sie dafür einen klaren Projektplan auf: Wann beginnen Sie damit, wann haben Sie was erreicht und wie viel Zeit und Mittel verwenden Sie darauf?

3.9 UMGANG MIT LORBEER-DIEBEN

So legen Sie Lorbeer-Dieben ihr Handwerk
Wann hat Ihnen zuletzt ein Kollege Ihre Lorbeeren gestohlen? Und wie sind Sie mit der Situation umgegangen?

Sie sitzen gut vorbereitet in einem Meeting und wollen den von Ihnen erarbeiteten Vorschlag für eine neue Marketingmaßnahme vorstellen. Ihr Kollege Müller, mit dem Sie Teile Ihrer Idee besprochen haben, stellt – für Sie völlig unerwartet – einen Großteil Ihrer Ideen in seinem Vortrag, in dem es um die Optimierung der bestehenden Marketingmaßnahmen geht, vor. Sie sind sich sehr sicher, dass Kollege Müller nicht von selbst auf diese Ideen kam, sondern diese von Ihnen stammen. Wie reagieren Sie in einer solchen Situation? Schmollen Sie, reagieren Sie beleidigt oder gar aggressiv oder lassen Sie sich nichts anmerken? Schmollen ist keine Lösung. Das würde nur so interpretiert, dass Sie schlecht gelaunt sind. Und wenn Sie Ihre Ergebnisse nicht mehr oder nur noch mit einem Rumpfteil vorstellen, erwecken Sie den Eindruck, Sie hätten schlecht gearbeitet. Im Zweifelsfall ziehen Sie Ihre Präsentation komplett und souverän durch, auch wenn dann die Frage für die Zuhörer auftaucht, wer hier von wem abgeschrieben hat. Am souveränsten ist es, wenn Sie den Ball geschickt aufgreifen. Zum Beispiel könnten Sie sagen: „Ich werde Ihnen nun meine Vorschläge für die neue Marketingmaßnahme vorstellen. Ich habe einige meiner Ideen mit Kollege Müller schon mal diskutiert und ich bin sehr erfreut zu sehen, dass er die Ideen so gut fand und schon teilweise in seine Optimierungsstrategie eingearbeitet hat." Wenn Sie sich nicht ganz sicher sind, ob Kollege Müller nicht vielleicht doch auch teilweise die Ideen selber hatte, könnten Sie auch abgeschwächt sagen: „Bei dem Vortrag meines Kollegen Müller habe ich festgestellt, dass wir teilweise in dieselbe Richtung denken. Sie werden daher einige Vorschläge, die Sie bereits gehört haben, bei mir nochmals finden." Wenn Sie es dann bei den Doppelungen schaffen, noch zusätzliche Aspekte anzuführen, werden Sie alle Lorbeeren für sich behalten können.

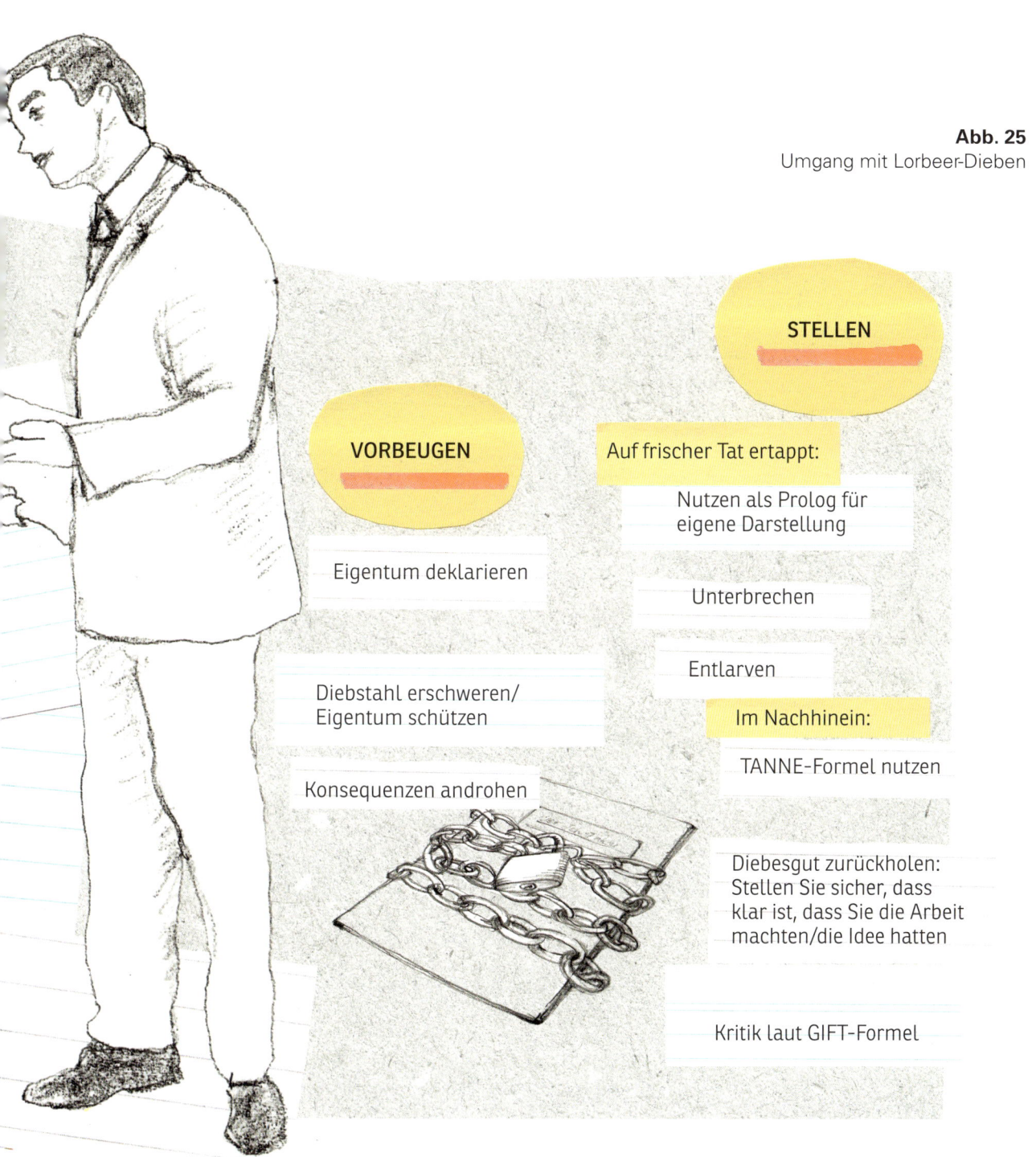

Abb. 25
Umgang mit Lorbeer-Dieben

STELLEN

VORBEUGEN

Auf frischer Tat ertappt:

Nutzen als Prolog für
eigene Darstellung

Eigentum deklarieren

Unterbrechen

Entlarven

Diebstahl erschweren/
Eigentum schützen

Im Nachhinein:

TANNE-Formel nutzen

Konsequenzen androhen

Diebesgut zurückholen:
Stellen Sie sicher, dass
klar ist, dass Sie die Arbeit
machten/die Idee hatten

Kritik laut GIFT-Formel

Wir reden hier von Dieben von geistigem Eigentum und von Menschen, die Ihnen die Ergebnisse Ihrer Arbeit streitig machen. Um solchen Dieben das Handwerk zu legen, müssen Sie zunächst einmal vorbeugen. Dazu beherzigen Sie bitte die Empfehlungen aus den vorangegangenen Kapiteln. Reden Sie über Ihre Arbeit, reden Sie über Ihre Erfolge, berichten Sie Ihrem Chef regelmäßig von Ihren Erfolgen und Ihrer guten Arbeit, stellen Sie sicher, dass Sie und Ihre Arbeit wahrgenommen werden. Wenn Sie das tun, dann haben Sie zunächst einfach die Voraussetzung geschaffen, dass ein Diebstahl auch als solcher erkannt werden kann. Stellen Sie sich vor, Sie besitzen eine Wohnung. Wenn Sie nicht im Grundbuch eingetragen sind, wenn Sie keinen gültigen Kaufvertrag haben, wie wollen Sie dann nachweisen, dass Sie der Eigentümer sind? Wenn auf Ihrem Entwurf der neuen Marketingmaßnahmen nicht Ihr Name steht, wie soll dann ein anderer, z. B. Ihr Chef, feststellen, dass es sich um Ihre Ideen handelt? Stellen Sie also zunächst einmal sicher, dass Diebstahl als solcher erkannt wird. Und dann machen Sie es den Dieben schwer. Wenn Sie Dokumente verschicken, verschicken Sie diese wenn möglich als PDF-File. So ist es für den Empfänger nur mit viel Arbeit möglich, Ihre Unterlagen in seine Unterlagen zu integrieren oder diese kurz abzuwandeln und als seine Unterlagen auszugeben. Stellen Sie sicher, dass wenn möglich Ihr Name in adäquater Form auftaucht, zumindest in den Dateiinformationen, besser noch zusätzlich auf dem Dokument selbst.

Drittens, stellen Sie sicher, dass Lorbeer-Diebe mit Sanktionen zu rechnen haben. Dies können Sie dadurch erreichen, dass Sie bei einem Lorbeer-Diebstahl sozusagen ein Exempel statuieren. Dies schreckt für die Zukunft ab. Machen Sie es sich klar: Sie müssen reagieren, wenn jemand Ihre Arbeit als seine ausgibt oder wenn jemand Ihre Ideen als seine ausgibt. Tun Sie es nicht, dann wird für jedermann ersichtlich, dass man Sie leicht und ungestraft bestehlen kann, und Sie werden immer häufiger Opfer werden. Im Gegensatz zur Polizei haben Sie einen großen Vorteil: Sie wissen, wer Ihnen Ihre

Arbeit, Ihre Ideen streitig macht. Sie brauchen also den Täter nicht zu identifizieren. Sie müssen ihn nur stellen und überführen. Dabei sind zwei Situationen zu unterscheiden, wie in Abbildung 25 dargestellt. Zum einen, wenn Sie dabei sind und miterleben, wie jemand Ihre Ideen, Ihre Arbeit als seine eigene ausgibt, und zum anderen, wenn Sie hinterher davon erfahren.

Zunächst behandeln wir den Fall, dass jemand vor Ihren Augen und Ohren Ihre Ideen oder Ihre Erfolge als seine eigenen ausgibt. In dem eingangs beschriebenen Beispiel wurde bereits eine Möglichkeit aufgezeigt, wie Sie reagieren können. Sie müssen in einer solchen Situation auf jeden Fall sicherstellen, dass allen klar wird, dass es sich hier um Ihre Arbeit, Ihre Ideen handelt. Im Folgenden finden Sie eine konkrete Liste mit Vorschlägen, wie Sie reagieren können:

→ Nutzen Sie Ihren Kollegen als Vorboten, seine Rede als Prolog: Ein Kollege erzählt von Ihrer Arbeit/Ihrer Idee. Sie nutzen eine Atempause und danken dem Kollegen, dass er über Ihre Arbeit berichtet bzw. Ihre Idee aufgegriffen hat, sozusagen als Prolog zu Ihrem Bericht. Sie weisen darauf hin, dass Sie gleich im Detail über Ihre Arbeit/Ihre Idee selbst berichten wollen. Stellen Sie sicher, dass eine Diskussion zu diesem Punkt erst bei Ihrem Vortrag stattfindet.

→ Unterbrechen: Sind Sie sich sicher, dass Ihnen hier jemand die Lorbeeren stehlen will, dann dürfen Sie auch unterbrechen und ins Wort fallen. Sie sollten dabei allerdings freundlich bleiben. Zum Beispiel: „Herr Müller, entschuldigen Sie bitte, wenn ich Sie unterbreche. Die Projektergebnisse möchte ich als verantwortlicher Projektleiter selbst vorstellen. Wenn es für Ihren Vortrag erforderlich ist, dass die Projektergebnisse bekannt sind, was halten Sie davon, wenn ich zuerst die Projektergebnisse vorstelle und Sie dann mit Ihrem Vortrag weitermachen?"

→ Entlarven: In diese Kategorie gehört das Eingangsbeispiel. Ein weiteres Beispiel: Sie haben drei Tage einem potenziellen Kooperationspartner hinterhertelefoniert, bis Sie den richtigen Ansprechpartner gefunden haben, und Ihr Kollege erzählt in der Kaffeeküche stolz Ihrem gemeinsamen Chef, dass der Ansprechpartner nun gefunden ist. Wie wäre es hier mit einem Kommentar Ihrerseits, dass Sie es schön finden, wenn Ihr Kollege sich mit Ihnen freut, und dass er sicher versteht, dass Sie diese gute Nachricht gerne selbst sagen möchten, zumal ja Sie drei Tage dafür telefoniert haben. Und wenn Sie die obige Regel aus Kapitel 3.4 beherzigen, dann haben Sie in diesem Fall längst eine kurze E-Mail an Ihren Chef geschickt, dass Sie nun nach vielen Telefonaten endlich den richtigen Ansprechpartner gefunden haben, und so weiß Ihr Chef genau, wer hier gearbeitet hat, und Ihr Kollege entlarvt sich selbst als Aufschneider.

In den Fällen, in denen es nicht eindeutig ist, dass der Kollege Ihre Idee sozusagen gestohlen hat, sollten Sie auf jeden Fall sicherstellen, dass bekannt ist, dass Sie dieselbe Idee hatten. Wichtig ist, bleiben Sie bei den Tatsachen! Ihre Behauptung muss für jeden nachvollziehbar sein.

Wenn Sie hinterher davon erfahren, dass jemand sich mit Ihrer Arbeit oder Ihren Ideen geschmückt hat, dann sollten Sie wiederum die TANNE-Formel aus Kapitel 3.8 nutzen. Eine solche Formel hilft Ihnen, richtig und überlegt zu reagieren und nichts Wichtiges zu übersehen. Konkret heißt das in diesem Fall:

T Tief durchatmen: Vermeiden Sie eine Reaktion im Affekt. Wenn Sie gezwungen sind, spontan und schnell zu reagieren, z. B. weil Ihr Chef Sie gerade damit konfrontiert, welche tolle Arbeit Ihr Kollege gemacht hat, obwohl eigentlich Sie diese Arbeit gemacht haben, holen Sie, bevor Sie etwas sagen, einmal tief Luft. Häufig ist es auch gut (wenn möglich), eine Nacht darüber zu schlafen.

A Analysieren Sie: Was ist eigentlich von wem gesagt worden? Nutzen Sie Fragen, um das zu erfahren. Fragen sind übrigens ein hervorragendes Mittel, wenn Sie spontan reagieren müssen. Fragen Sie, um mehr zu erfahren. Gleichzeitig gewinnen Sie Zeit zum Nachdenken.

N Nach vorne orientieren: Was sollten Sie zukünftig anders machen, damit so etwas nicht mehr passiert? Vielleicht müssen Sie Ihren Chef selbst schneller und besser über Ihre Arbeit informieren. Vielleicht müssen Sie Ihr Eigentum besser schützen durch Namen auf Ihren Dokumenten usw.

N Nacharbeiten im doppelten Sinn: Stellen Sie zuerst sicher, dass derjenige (z. B. im obigen Beispiel Ihr Chef), dem gegenüber Ihr Kollege Ihre Arbeit bzw. Ihre Ideen als seine ausgegeben hat, davon erfährt, dass es sich um Ihre Arbeit bzw. Ihre Ideen handelt. Zum anderen stellen Sie Ihren Kollegen zur Rede und sagen ihm klar und sachlich (ohne unfreundlich zu sein), dass Sie es nicht gut finden, wenn er Ihre Arbeit oder Ihre Ideen als seine ausgibt bzw. Ihren Chef über Ihre Arbeit informiert. Nutzen Sie für die Kritik die GIFT-Formel aus Kapitel 3.5.

E Evaluation: Sehen Sie das Ganze als eine Lerngeschichte und überlegen Sie, wie Sie Ihr Verhalten ändern können, um solche Situationen zukünftig zu verhindern.

Sie fragen sich vielleicht, wie Sie es geschickt anstellen können, Ihren Chef darüber zu informieren, dass es sich um Ihre Arbeit handelt, die der Kollege als seinen Erfolg ausgegeben hat. Dazu müssen zwei Szenarien unterschieden werden: Wenn Sie von Ihrem Chef erfahren, dass der Kollege Ihren Erfolg als seinen oder zumindest den gemeinsamen Erfolg ausgegeben hat, dann stellen Sie sachlich klar, dass hier wohl ein Missverständnis vorliegt, denn Sie haben die ganze Arbeit alleine gemacht. Es ist völlig unnötig, Ihren Kollegen als Lügner anzuschwärzen. Ihr Chef wird seine Schlüsse schon selbst ziehen. Stellen Sie einfach schlüssig und überzeugend Ihre Arbeit vor – und informieren Sie das nächste Mal Ihren Chef schneller. Sollten Sie von anderen erfahren, dass Ihr Kollege gegenüber einer dritten Person Ihre Idee bzw. Ihre Arbeit als seine ausgegeben hat, dann tun Sie so, als ob Sie davon nichts wüssten, und informieren Sie wie geplant Ihren Chef über Ihre Arbeit bzw. Ihre Idee. Erarbeiten Sie dazu ein sehr überzeugendes Dokument, das für Sie und Ihre Arbeit spricht. Und wenn dann die Rückfrage kommt, das sei ja dasselbe, was Ihr Kollege schon gemacht habe, dann stellen Sie wiederum fest, dass es sich dabei um ein Missverständnis handeln muss, denn schließlich haben Sie die Arbeit gemacht.

Abschließend noch einen kurzen Exkurs zum „Lorbeer-Diebstahl" in der Wissenschaft. In der Wissenschaft hängen Erfolge vor allem von publizierten Ideen ab. Für Wissenschaftler ist es daher wichtig, viele gute Publikationen zu haben und an entsprechender Stelle in der Autorenliste zu erscheinen. Trotz aller Regeln, z. B. von der Deutschen Forschungsgesellschaft zu „good scientific practice", spiegelt die Autorenliste in nicht wenigen Fällen mehr die Machtverhältnisse als die inhaltlichen Anteile an der Arbeit wider. Und bei wissenschaftlichen Kooperationen ist immer wieder ein Streitpunkt, wer Daten zuerst veröffentlichen darf. Um die Lorbeeren für die eigenen Erfolge selbst einheimsen zu können, ist es gerade im wissenschaftlichen Bereich wichtig, früh zu klären, wer welche Daten verwenden darf und wer an welcher Stelle auf der Autorenliste stehen wird. Sollten Sie sich nicht mir Ihrer Wunschposition durchsetzen können, so dehnen Sie den Verhandlungsgegenstand aus und beziehen bereits die nächste Veröffentlichung in Ihre Verhandlung mit ein und sichern sich für die nächste Publikation eine gute Position auf der Autorenliste.

SELBSTÜBUNG
SICHERN SIE IHR EIGENTUM

1. Tun Sie heute genug, um Ihre Arbeit und Ihre Ideen sozusagen als Ihr Eigentum zu deklarieren?

2. Wann hatten Sie zuletzt mit einem Lorbeer-Dieb zu tun? Wie haben Sie reagiert? Wie hätten Sie besser reagieren können?

„Auch die längste Reise beginnt mit dem ersten Schritt."

Chinesisches Sprichwort

4 IHR PERSÖNLICHER AKTIONSPLAN

Nutzen Sie das Buch für sich
Haben Sie bereits Dinge aus dem Buch für sich umgesetzt? Wenn ja, welche?
Welche Dinge möchten Sie umsetzen?

Häufig denken wir: „Das sollte ich tun", „Das wäre prima, das umzusetzen", aber dann gehen im Alltag unsere Vorsätze schnell verloren. Wie lange halten wir unsere Vorsätze zu Beginn des neuen Jahres durch? Einerseits ist das frustrierend, andererseits auch beruhigend – es geht vielen Menschen so. Aber es gibt auch Möglichkeiten, sich selbst zu überlisten und anzuspornen, Dinge zu ändern. In Kapitel 4.1 werden wir eine Strategie besprechen, um Dinge wirklich umzusetzen, und in Kapitel 4.2 Möglichkeiten, uns dauerhaft anzuspornen. Doch zunächst müssen Sie für sich festlegen, was Sie gerne umsetzen möchten, was für Sie die wichtigsten Erkenntnisse aus diesem Buch sind. Nehmen Sie die für Sie wichtigen Erkenntnisse und leiten Sie daraus für sich konkrete Handlungsempfehlungen ab. Am Ende dieser Selbstübung sollten Sie eine Liste mit konkreten Handlungsempfehlungen haben.

Wenn Sie diese Liste für sich erstellt haben, folgt der nächste Schritt, wie in Abbildung 26 beschrieben. Es ist für die meisten Menschen unmöglich, viele Dinge gleichzeitig zu ändern bzw. umzusetzen. Es gelingt vielleicht noch am ersten Tag, aber bald wird das Unterfangen viel zu mühsam sein und wir fallen in alte Muster zurück. Daher ist es sinnvoll, die Liste zu priorisieren. Was sollten Sie zuerst anpacken?

Vielleicht stellen Sie fest, dass verschiedene Dinge zusammengehören. Dann sollten Sie diese zusammenfassen. Zum Beispiel kann es sein, dass Sie sich aus Kapitel 3.4 die Empfehlung mitgenommen haben, mindestens einmal wöchentlich Ihren Chef über Ihre Arbeit und vor allem Ihre Erfolge zu informieren. Vielleicht haben Sie sich aus Kapitel 3.3 noch mitgenommen, dass Sie wenn möglich die Information positiv verpacken sollten. Diese beiden Punkte können Sie sehr gut zusammenfassen, z. B. in die Regel: Ab sofort informiere ich meinen Chef mindestens einmal die Woche über das, was mir bei meiner Arbeit geglückt ist.

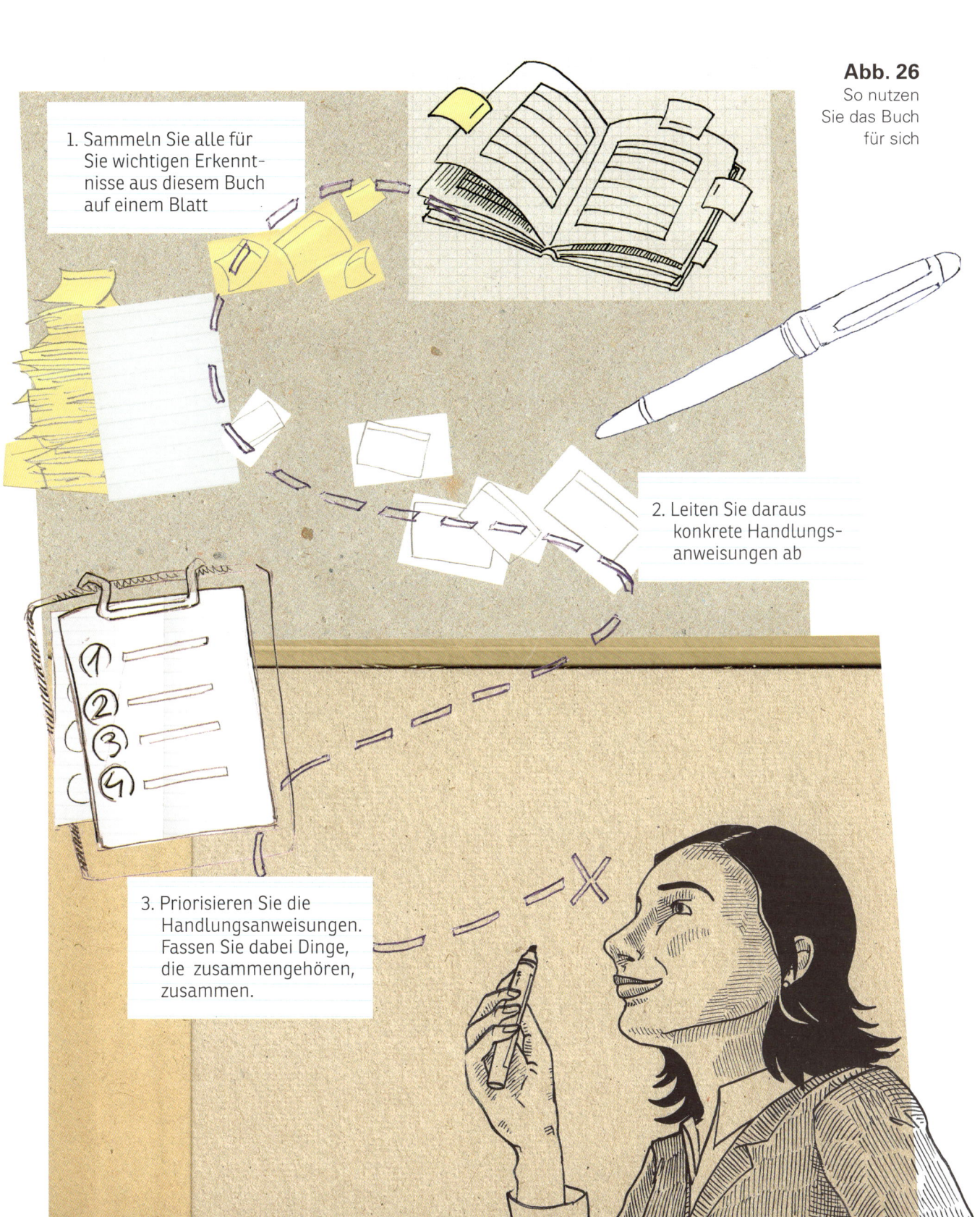

Abb. 26
So nutzen
Sie das Buch
für sich

1. Sammeln Sie alle für Sie wichtigen Erkenntnisse aus diesem Buch auf einem Blatt

2. Leiten Sie daraus konkrete Handlungsanweisungen ab

3. Priorisieren Sie die Handlungsanweisungen. Fassen Sie dabei Dinge, die zusammengehören, zusammen.

SELBSTÜBUNG
NUTZEN SIE DAS BUCH KONKRET

1. Erstellen Sie für sich eine Liste der Dinge aus dem Buch, die Sie gerne für sich umsetzen möchten.

_____

_____

_____

_____

_____

_____

2. Ordnen Sie, nachdem Sie die Liste erstellt haben, jedem einzelnen Punkt eine Priorität zu. Dabei darf es jeweils nur eine erste, eine zweite Priorität usw. geben. (Wir arbeiten mit dieser priorisierten Liste in Kapitel 4.1 weiter.)

_____

_____

_____

_____

_____

_____

_____

_____

_____

_____

4.1 DREI DINGE, DIE SIE AB MONTAG ANDERS MACHEN

Fangen Sie klein an, aber fangen Sie an!

Wie häufig ist Ihnen schon das „Morgen-Syndrom" passiert, d. h., Sie wollen etwas ändern und wollen morgen anfangen? Und morgen heißt es dann wieder: Morgen fange ich an.

Meine Mutter hatte in der Küche lange Zeit ein Schild „Ab morgen wird gespart". Wir haben viel über dieses Schild gelacht, denn heute ist heute und morgen war immer in der Zukunft. Dieses Morgen-Syndrom kennen viele Menschen. Eigentlich möchten wir ja ganz gerne, also fangen wir morgen an und dann wieder morgen usw. Und so bleibt es ewige Zukunftsmusik. In meinen Seminaren schlage ich den Teilnehmern immer vor, sich Montagmorgen-Aktionen vorzunehmen, z. B. ab Montag, den 22. März ändern Sie Folgendes: Und hier steht dann eine konkrete Aktion.

Nehmen Sie also bitte den ersten Punkt auf Ihrer Liste, die Sie im vorhergehenden Kapitel erarbeitet haben, und notieren Sie sich dazu einen festen Starttermin. Ich empfehle den Montag, denn dann haben Sie gleich eine ganze Arbeitswoche zum Üben. Sie können aber auch jeden anderen Tag wählen. Nehmen Sie sich bitte für den Start nur eine Sache vor. Die zweite Priorität auf Ihrer Liste nehmen Sie sich einen Monat später vor. Die Frist scheint Ihnen zu lange? Verkürzen können Sie immer.

Die Erfahrung lehrt, dass es einige Zeit dauert, bis ein neues Verhalten eingeübt ist. Daher halte ich es für sinnvoll, einen Monat lang bewusst eine neue Sache einzuüben und sich erst dann der nächsten Priorität zuzuwenden. Die dritte Priorität nehmen Sie sich in drei Monaten vor. Sie schreiben aber bereits heute einen fixen Starttermin hinter die Priorität. Warum nun zwei Monate warten, bis Sie wieder eine weitere Priorität realisieren? Für die meisten Menschen ist es sinnvoll, neues Verhalten lange einzuüben. Daher sollten Sie die zwei Monate, in denen Sie die Priorität 1 und 2 umsetzen, nutzen, um das

Verhalten so zu verinnerlichen, dass es für Sie keine große Anstrengung mehr ist, dieses neue Verhalten zu leben. Es ist viel wichtiger und hilfreicher, wenn Sie ein paar Dinge nachhaltig ändern, als wenn Sie vieles versuchen und sich de facto nichts ändert. Daher auch der Fokus auf wenige Dinge, die aber anhaltend verändert werden. Und wenn Sie dann die Prioritäten 1 bis 3 erfolgreich umgesetzt haben, dann nehmen Sie sich Ihre Prioritätenliste wieder vor, überprüfen, ob die Reihenfolge noch stimmt, und machen einen neuen Montagmorgen-Aktionsplan.

Ihre Priorität 1 ist bereits eine konkrete Handlungsanweisung, das haben Sie bereits im vorangegangenen Kapitel erarbeitet. Um erfolgreich in der Umsetzung zu sein, sind in Abbildung 27 noch ein paar Tipps zusammengefasst. Zuerst sollten Sie für Ihre Priorität 1 einen kleinen Umsetzungsplan schreiben: Was müssen Sie wie wann tun? Nehmen Sie sich etwas Zeit, diese Frage möglichst umfassend zu beantworten. Nehmen wir als Beispiel für eine Priorität 1 folgende Handlungsanweisung: Sie wollen ab Montag Ihren Chef regelmäßig über die Erfolge Ihrer Arbeit informieren. Was heißt das nun konkret?

→ Was sagen Sie Ihrem Chef? Über welche Teile Ihrer Arbeit wollen Sie berichten? Was bietet sich an? Entwerfen Sie wenn möglich eine Struktur, die dauerhaft geeignet ist, Ihren Chef über Ihre Arbeit zu informieren. Zum Beispiel, indem Sie zu Ihren verschiedenen Aufgaben oder Verantwortungsbereichen jeweils kurz den Status und die Erfolgserlebnisse schildern. Nehmen Sie nicht nur die Erfolge auf in Ihre Kommunikation. Es ist auch wichtig für Ihren Chef, dass Sie Ihre alltägliche Arbeit gut machen. Also sagen Sie auch dazu kurz etwas, wobei die Betonung auf kurz liegt. Ganz allgemein gilt für die Information Ihres Chefs: Fassen Sie sich kurz. Ihr Chef darf auf keinen Fall den Eindruck bekommen (noch sollte dies der Realität entsprechen), dass Sie einen ganzen Nachmittag für diese Information verwenden. Das muss kurz sein und sich auch in kurzer Zeit erledigen lassen. Sonst wird Ihr Chef Ihnen sagen, Sie sollten lieber Ihre Arbeit erledigen als irgendwelche Reports zu schreiben.

→ Wie sagen Sie es? Nutzen Sie E-Mail, nutzen Sie ein Vieraugengespräch, erstellen Sie ein Memo. Wenn Sie ein Vieraugengespräch nutzen: Gibt es eine Routinebesprechung, die sich dafür anbietet? Oder brauchen Sie extra einen Termin? Einen extra Termin auszumachen bedeutet sehr viel Aufwand, auch für Ihren Chef. Hier sollten Sie auf jeden Fall mit Ihrem Chef Rücksprache halten, ob das so für ihn in Ordnung ist, oder ob er lieber auf andere Art und Weise informiert werden will.

→ Wann sagen Sie es? Ist der geeignete Zeitpunkt der Freitag, sozusagen als Wochenrückblick? Oder ist in Ihrem Fall vielleicht Mittwoch spätnachmittags der richtige Zeitpunkt, weil Ihr Chef am Donnerstag immer auf Reisen ist und viel Zeit hat, seine E-Mails zu lesen?

Wenn Sie diese Fragen für Ihre Priorität 1 beantwortet haben, dann sollten Sie mit einer Trockenübung starten. In unserem Beispiel überlegen Sie, wie die Information für die vergangene Woche ausgesehen hätte. Die Trockenübung hat den Vorteil, dass Sie hier mehrere Tage nachdenken und das Ganze auf sich wirken lassen können. Nutzen Sie diese Möglichkeit.

Bevor Sie nun starten, ist noch ein Zweites wichtig: Welches Ziel verfolgen Sie? Warum haben Sie ausgerechnet diese Priorität ausgesucht – was ist das dahinterstehende Ziel? Benennen Sie dieses Ziel und halten Sie es schriftlich fest, damit Sie später immer wieder darauf zurückkommen können. In unserem Beispiel könnte das Ziel sein, zu den wichtigen und absolut nötigen Mitarbeitern zu gehören. Oder sich für einen Aufstieg innerhalb der Firma zu empfehlen oder einfach nur, die Lorbeeren für die eigene Arbeit selbst zu ernten. Und dann müssen Sie schlussendlich noch nach Faktoren suchen, mit denen Sie die Zielerreichung überprüfen können. Wenn Sie als Ziel haben, dass Sie selbst Ihre Lorbeeren ernten wollen, dann könnten mögliche Messfaktoren für die Zielerreichung z. B. sein, wie oft Ihr Chef Sie direkt lobt und wie oft fälschlicherweise Ihre Kollegen für Ihre Arbeit gelobt werden. Schwieriger ist es zu messen, ob Sie zu den Leistungsträgern gehören. So etwas kann man z. B. an indirekten Faktoren festmachen, z. B. wie der Chef über Ihre Arbeit spricht. Auch wenn es schwierig ist, geeignete Faktoren zu finden, sollten Sie trotzdem danach suchen. Denn nur mithilfe solcher Faktoren können Sie feststellen, ob Sie Ihr Ziel erreichen und insgesamt auf dem richtigen Weg sind.

Nach dieser intensiven Vorbereitung kommt nun die tatsächliche Umsetzung. Und wenn Sie das erste Mal Ihre Priorität 1 umgesetzt haben, üben Sie Selbstfeedback, wie in Abbildung 27 beschrieben. Was war gut und was war weniger gut? Ziehen Sie daraus sofort Ihre Schlüsse und überarbeiten gegebenenfalls Ihren Umsetzungsplan von Priorität 1. Diese Schleife der Selbstverbesserung sollten Sie am Anfang regelmäßig nutzen. Nach drei bis vier Wochen der Umsetzung Ihrer Priorität 1 sollten Sie sich externes Feedback einholen. In unserem Beispiel würden Sie konkret Ihren Chef fragen, wie er die neue Art der Information von Ihnen findet. Sie hätten sich vorgenommen, ihn besser über Ihre Arbeit zu informieren. Fragen Sie ihn, ob diese Informationen von Ihnen ihm ausreichen, worüber er gerne noch ausführlicher informiert werden möchte oder ob es Dinge gibt, die Sie weglassen sollten. Fragen Sie auch, ob die Form der Information, z. B. per E-Mail, für ihn gut ist oder ob er eine andere Form bevorzugen würde.

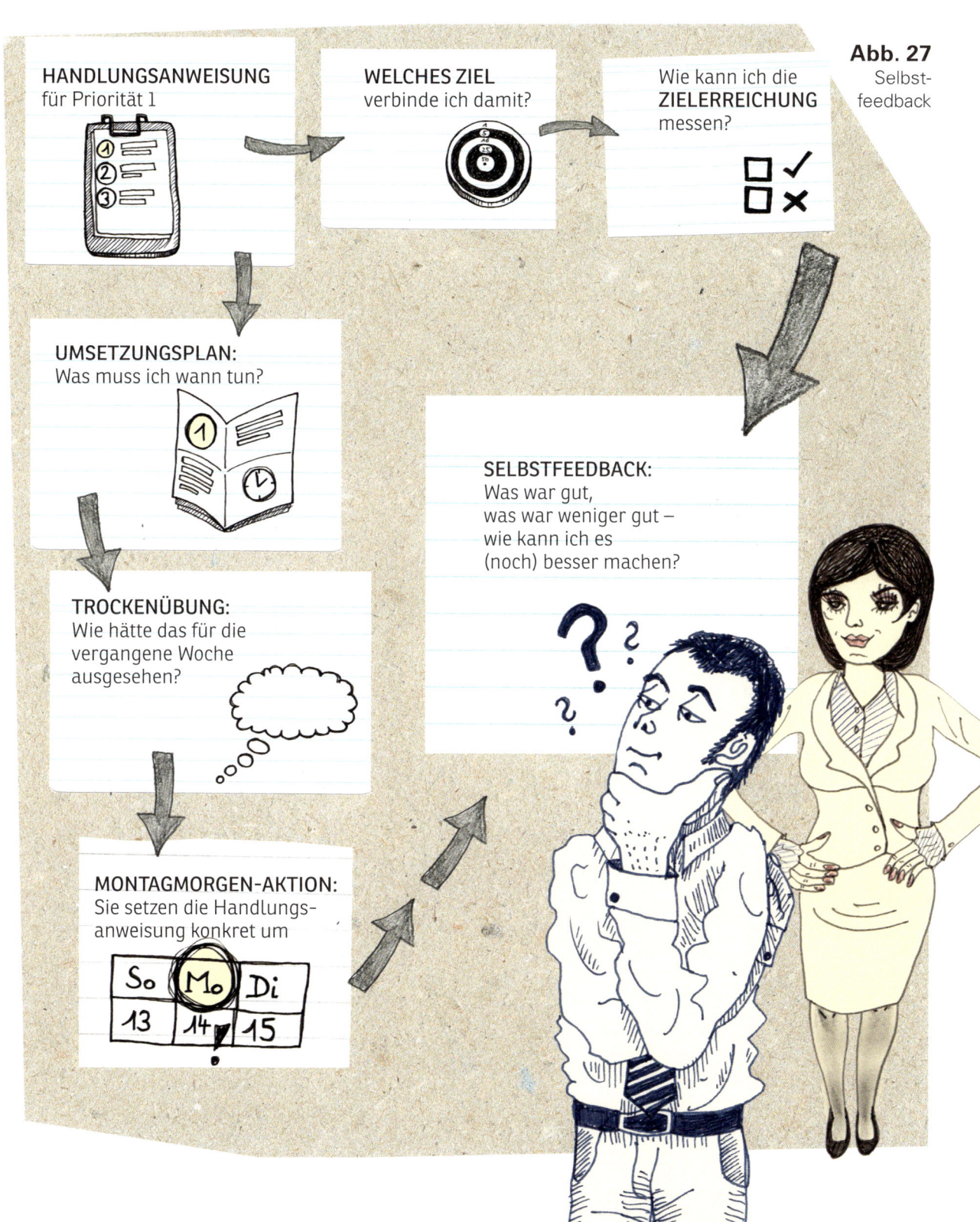

Abb. 27
Selbst-
feedback

SELBSTÜBUNG
IHRE ERSTE MONTAGMORGEN-AKTION

1. Formulieren Sie Ihre erste Montagmorgen-Aktion als konkrete Handlungsanweisung.

_____

_____

_____

2. Entwickeln Sie einen spezifischen Umsetzungsplan: Was mache ich wann?

_____

_____

_____

_____

3. Legen Sie einen konkreten Starttermin fest. Nutzen Sie die Zwischenzeit für eine Trockenübung.

_____

_____

_____

_____

4. Überlegen Sie, wie Sie überprüfen können, ob Sie die geplanten Ziele, die Sie mit der Umsetzung dieser Montagmorgen-Aktion verbinden, erreicht haben.

_____

_____

_____

4.2 SO SCHAFFEN SIE NACHHALTIGKEIT

Tipps, damit Ihre guten Vorsätze auch umgesetzt werden
*Wie häufig haben Sie sich etwas fest vorgenommen, z. B. Sport zu treiben,
auch damit angefangen und dann doch nicht durchgehalten?*

Viele von uns kennen das Phänomen, dass alte Gewohnheiten sich nur sehr schwer abstellen lassen. Und ganz schnell fallen wir trotz aller Bemühungen und Anstrengungen in das alte Verhalten zurück. Trösten Sie sich, wenn Sie zu dieser Gruppe gehören – Sie sind nicht allein. Aber es gibt auch einige Tricks, die Ihnen helfen, anhaltend Ihre Vorsätze umzusetzen. Dazu übertragen wir das alte Bild von Zuckerbrot und Peitsche auf unsere Situation. Fangen wir mit der Peitsche an. Sie sollten etwas Druck aufbauen, an dem Thema dranzubleiben. Am einfachsten ist dies immer, wenn man Mitstreiter hat. Dann zwingt man sich gegenseitig dazu, dranzubleiben und durchzuhalten. Alleine auf einen Marathon zu üben ist sehr mühsam. In einer Gruppe ist das viel einfacher. Hier spornt jeder den anderen an und keiner will ausscheren oder zurückfallen. Suchen Sie sich also mindestens einen Mitstreiter, der Sie unterstützt und ermutigt, Ihre Prioritäten umzusetzen, der aber gleichzeitig auch die Umsetzung einfordert. Am einfachsten ist es immer, wenn Sie beide das gleiche Ziel verfolgen, also beide gerade dabei sind, Ihr Verhalten zu ändern. In meinen Seminaren ermuntere ich daher die Teilnehmer immer, Tandems zu bilden, die genau diese Funktion haben, sich gegenseitig bei der Umsetzung der Montagmorgen-Aktion zu unterstützen.

Natürlich darf auch das Zuckerbrot nicht fehlen. Gönnen Sie sich eine schöne Belohnung, wenn Sie Ihre Priorität 1 umgesetzt haben. Eine kleine Belohnung nach der ersten Anwendung, eine nette Belohnung, wenn Sie es einen Monat durchgehalten haben, und eine schöne Belohnung, wenn Sie Ihr Ziel erreicht haben. Und dann greift ja auch der Erfolg der Umsetzung Ihrer Priorität 1. Dass Sie es geschafft haben, wird Sie zu Recht mit großem Stolz erfüllen und ebenfalls eine schöne Belohnung für Sie darstellen.

VIEL ERFOLG!

SELBSTÜBUNG
SICHERN SIE NACHHALTIGKEIT

1. Suchen Sie einen Partner oder Coach für die Umsetzung Ihrer Priorität 1.

---

2. Definieren Sie Belohnungen für sich, wenn Sie Ihre Priorität 1 das erste Mal umgesetzt haben/einen Monat lang gelebt haben/Ihr Ziel erreicht haben.

DAS WICHTIGSTE IN KÜRZE

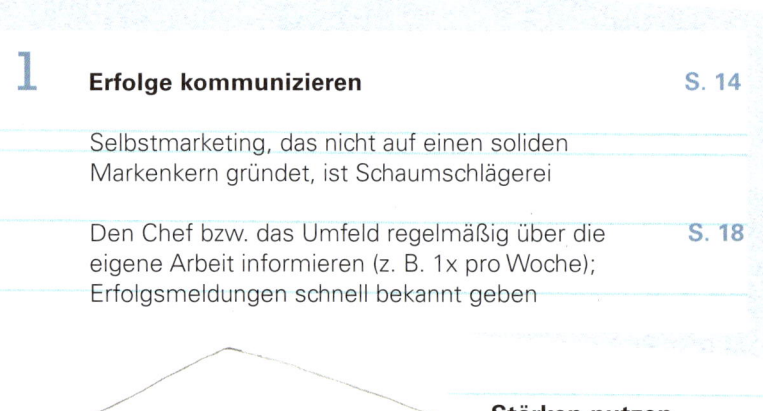
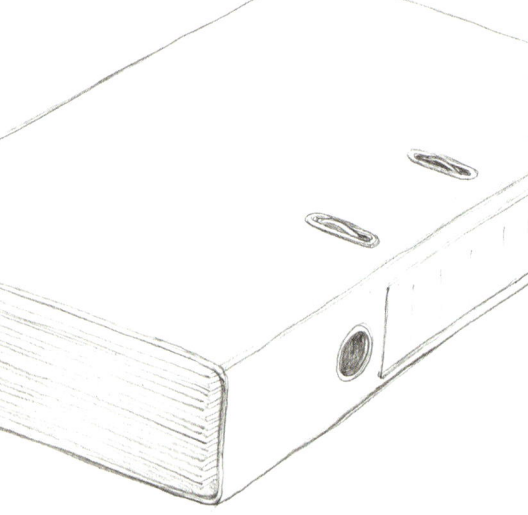

Einen guten Eindruck durch OLALA S. 58

O = Ordentliche Erscheinung
L = Lächeln
A = Aufrechte, geerdete Haltung
L = Lebendig
A = Augenkontakt
  (Augenkontakt geht immer so lange,
  bis derjenige zurückgeschaut hat)

Sprache/ Stimme: S. 60

- Positiv formulieren
- So reden, dass jeder mich versteht
  (laut, langsam, deutlich)
- Keine Weichspüler verwenden
- Wertschätzende Ansprache

Durch direkte und indirekte Beob- S. 66
achtung schließen wir auf den Charakter (die Werte) eines Menschen

Bei inkonsistenten Signalen erhält S. 70
die Körpersprache das dominierende
Gewicht

Drei Ks für eine überzeugende Kommunikation S. 71

K = Klare Sprache und Stimme
K = Kontrollierte nonverbale Kommunikation
K = Kontakt mit dem Auditorium

Jeder Eindruck zählt S. 76

Jeder Kontakt mit einem Menschen wird genutzt, um das
vorhandene „Schubladenbild"
zu verfestigen oder zu ergänzen oder zu relativieren oder zu
korrigieren.

Fokussierung S. 80

Selbstmarketing sollte auf einigen
wenigen herausragenden und wichtigen Stärken aufbauen

Starke Persönlichkeit S. 82

Eine starke Persönlichkeit wird von ihrem
Umfeld immer wieder mit den gleichen
Stärken, denselben Werten und dem gleichem
Know-how wahrgenommen

Durch Redundanzen und gegen- S. 88
seitige Verstärkung der Transporteure sicherstellen, dass die
Botschaft richtig ankommt

Erwartungen können gerne übertroffen, S. 86
sollten aber niemals untererfüllt werden

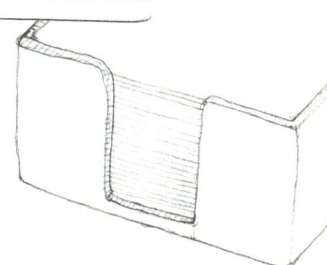

Vier relevante Sichtweisen S. 92

Es gibt vier relevante Sichtweisen auf bzw. für
einen Menschen: Eigenbild, Eigenerwartung,
Fremdbild und Fremderwartung; bei einer starken
Persönlichkeit überlappen sich die vier Sichtweisen erheblich

3 Eine erfolgreiche Ich-Marke braucht S. 100
Marketing, sonst führt sie ein schattenhaftes Mauerblümchen-Dasein

Selbst-Sabotage vermeiden S. 102

- Wenn ich etwas sage, dann so, dass ich
  verstanden werde (Sprache, Stimme)
- Wenn ich etwas sage, dann so, dass ich dahinter-
  stehe (Körpersprache)
- Wenn andere mich sehen und erleben, dann so,
  dass ich einen richtigen und guten Eindruck mache
  (Kleidung, Verhalten)

Der USP (das, was mich besonders macht) S. 110
muss permanent gepflegt werden, sonst
verkümmert er

Ich gehe nicht davon aus, dass meine gute S. 128
Arbeit von meinem Chef bzw. meinem
Umfeld auch gesehen wird, sondern ich rede
darüber – nicht nur mit meinem Chef!

ZEBRA als Merkformel für einen S. 120
souveränen Auftritt

Z = Ziele: Was will ich erreichen?
E = Echoeffekt: Ich starte freundlich und positiv
     in das Gespräch
B = Basics: Professionelle Nutzung der
     Transporteure (Sprache, Stimme, Kleidung, usw.)
R = Reserve: Die beste Alternative bestimmt
     den Verhandlungsspielraum
A = Adrenalin: Lampenfieber steigert
     Leistungsfähigkeit, darf aber nicht überhand
     nehmen

Bei Problemen Managerqualitäten zeigen: S. 134

- Problem analysieren: Was ist los
  und warum?
- Lösungsmöglichkeiten erarbeiten und
  damit das Problem in eine Herausforderung
  umdefinieren
- Möglichkeiten aufzeigen, um zukünftig
  solche Probleme zu vermeiden

Schwierigkeiten aktiv
anpacken und auflösen S. 136

Kritik immer mit GIFT-Formel S. 139

G = Gesicht wahren: immer unter 4 Augen
I = Ich-Form
F = Freundlich
T = Trauen Sie sich

Erfolgs DNS S. 143

D = Dabei sein
N = Networking
S = Sternstunden schaffen und
nutzen

Vier Schlüsselbegriffe, um Werbeboten zu bekommen und zu behalten S. 146

Bitten: Andere bitten, mich vorzustellen
Danken: Jedem Werbeboten für jede Aktion danken
Loben: Werbeboten loben, v. a., wenn sie die richtige
Botschaft übermitteln
Helfen: Geben und Nehmen sollten sich die Waage
halten, d. h., auch ich selbst muss als Werbebote agieren

Persönliche Weiterentwicklung durch
Verlassen der Komfort-Zone: sich neue
Dinge zumuten und zutrauen (und bei
Misserfolg nicht leichtfertig aufgeben,
sondern erneut versuchen) S. 152

TANNE bei Misserfolg S. 155

T = Tief durchatmen;
keine Affektreaktion
A = Analysieren
N = Nach vorne orientieren; was
mache ich morgen anders
N = Nacharbeiten: was lässt sich
noch retten
E = Evaluation: was lässt sich
positiv aus dieser Erfahrung
lernen

Lorbeer-Diebe S. 158

Lorbeer-Diebe nicht gewähren lassen,
sondern einmal die Unannehmlichkeit
in Kauf nehmen, den Diebe zu stellen,
um zukünftige Diebstähle zu verhindern.
Sonst werde ich immer häufiger Opfer
von Lorbeer-Diebstahl.

LITERATUR

Asgodom, Sabine: Eigenlob stimmt, 3. Aufl. 2005, Econ Verlag

Blanchard, Ken: Whale done, 2002, The free press

Fey, Gudrun: Selbstsicher reden – selbstbewusst handeln, 3. Aufl. 2005, Walhalla

Hemel, Ulrich: Wert und Werte, 2. Aufl. 2007, Carl Hanser Verlag

Knapp, Mark L.; Hall, Judith A.: Nonverbal Communication in human interaction; 6. Aufl. 2006, Thomson Wadsworth

Malik, Fredmund: Führen, Leisten, Leben, 2. Aufl. 2000, DVA

Molcho, Samy: Alles über Körpersprache, 9. Aufl. 2001, Mosaik-Verlag

Rein, Irvin; Kotler, Philip; Hamlin, Michael; Stoller, Martin: High Visibility, 3. Aufl. 2006, McGraw-Hill

Scherer, Hermann (Hrsg.): Von den Besten profitieren, 5. Aufl. 2002, GABAL Verlag

AUTORENPORTRÄT

Foto: Sascha Baumann

Elisabeth Schick arbeitet seit Herbst 2004 selbständig als Unternehmensberaterin und Trainerin. Ihre Beratungsschwerpunkte umfassen vor allem strategische Fragenstellungen, Markenführung und Handel bei mittelständischen Firmen. Im Bereich Trainings konzentriert Elisabeth Schick sich auf die Themen Selbstpräsentation, Verhandeln, Durchsetzen und Führen – Themen in denen sie in verschiedenen Managementfunktionen selbst umfangreiche praktische Erfahrung gesammelt hat.

Vor ihrer Selbständigkeit arbeitete Elisabeth Schick in verschiedenen Funktionen bei der Bertelsmann AG. Sie war unter anderem Vorstandsvorsitzende der Bertelsmanntochter DealPilot.com AG, einem international führenden Preisvergleichsanbieter für Medienprodukte. Nach dem Verkauf der DealPilot.com AG an DealTime (firmiert heute unter Shopping.com und gehört zu Ebay) baute Elisabeth Schick als Geschäftsführerin von Dealtime Europa erfolgreich das Geschäft für DealTime in Deutschland und Großbritannien auf.

Zuvor hat Elisabeth Schick fünf Jahre als Beraterin bzw. Projektleiterin bei The Boston Consulting Group in München und Düsseldorf gearbeitet. Sie ist Volkswirtin und hat in Mannheim und Berkeley studiert. Sie lebt mit ihrem Mann und zwei Töchtern in Stuttgart.

Die drei Designstudenten der Fachhochschule Düsseldorf,
die den „Ich-Faktor" illustriert und gestaltet haben.
(von links: Patrick Gladt, Frauke Schyroki und Michael Szyszka)

GESTALTUNG DES BUCHES

Die Lehrveranstaltung „Bücher machen" im Sommersemester 2009 am Fachbereich Design der Fachhochschule Düsseldorf fand in Kooperation mit dem Carl Hanser Verlag statt. Wir erhielten dank dieser Partnerschaft die Möglichkeit, das Ihnen vorliegende Buch nicht nur zu konzipieren und zu gestalten, sondern auch in Zusammenarbeit mit der Herstellungsabteilung des Verlags umzusetzen.

Die Herausforderung bestand bei diesem Projekt darin, für die textbegleitenden Darstellungen und Schaubilder eine interessante und ungewöhnliche visuelle Sprache zu finden. In intensiven Gesprächen mit Frau Elisabeth Schick näherten wir uns Schritt für Schritt dem Kern der jeweiligen Bildaussage.

Als Grundidee unserer Gestaltung orientierten wir uns an den Farben und Papieren aus dem Büroalltag, die einer möglichst großen Leserschaft vertraut sein sollten. Diese Materialität und Farbwelt kombinierten wir mit einem freien Illustrationsstil, der an Skizzen und Zeichnungen erinnert, wie sie bei einem Arbeitsprozess, beispielsweise auch beim Telefonieren, entstehen können. Unser Ziel war es, dem Buch einen persönlichen und einnehmenden Charakter zu geben. Ein strenges und kühles Klima lag uns fern. Mit der gefundenen visuellen Sprache konnten wir unsere drei unterschiedlichen Zeichenstile in den Abbildungen kombinieren und dem Buch damit eine große Vielfalt und Abwechslung bieten.

Abschließend möchten wir uns bei allen Beteiligten, insbesondere bei Frau Elisabeth Schick, Herrn Martin Janik und Frau Ursula Barche von Hecker für ihr Vertrauen in unser Gestaltungskonzept und ihre Zusammenarbeit bei der Umsetzung bedanken. Es war für uns eine wertvolle Erfahrung, innerhalb unseres Studiums an diesem Projekt arbeiten zu können.

Patrick Gladt

geb. 1986, studiert Kommunikatonsdesign an der Fachhochschule Düsseldorf mit den Schwerpunkten Animation, Buchgestaltung und Illustration.

Lebt in Essen und arbeitet dort freiberuflich als Grafiker und Illustrator.

www.patrickgladt.de
mail@patrickgladt.de

Frauke Schyroki

geb. 1984, studiert Kommunikationsdesign an der Fachhochschule Düsseldorf mit den Schwerpunkten Buch- und Magazingestaltung und Illustration.

Lebt und arbeitet in Düsseldorf selbstständig in den Bereichen Design Illustration.

www.fraukeschyroki.de
info@fraukeschyroki.de

Michael Szyszka

geb. 1984, studiert Kommunikationsdesign an der Fachhochschule Düsseldorf mit den Schwerpunkten Buchgestaltung, Illustration und Zeichnung.

Lebt in Duisburg und arbeitet dort neben dem Studium freiberuflich als Designer und Illustrator.

www.zapfenstreiche.de
mail@zapfenstreiche.de